中等职业技术学校农林牧渔类

农机使用与维修专业教材

GUOJIAJI ZHIYE JIAOYU GUIHUA JIAOC

# 农用作业机械使用与维护

人力资源和社会保障部教材办公室　组织编写

肖兴宇　主编

中国劳动社会保障出版社

**图书在版编目(CIP)数据**

农用作业机械使用与维护/肖兴宇主编. —北京：中国劳动社会保障出版社，2011
中等职业技术学校农林牧渔类——农机使用与维修专业教材
ISBN 978-7-5045-9131-9

Ⅰ. ①农… Ⅱ. ①肖… Ⅲ. ①农业机械-使用方法-中等专业学校-教材②农业机械-机械维修-中等专业学校-教材 Ⅳ. ①S22

中国版本图书馆 CIP 数据核字(2011)第 138498 号

中国劳动社会保障出版社出版发行
（北京市惠新东街1号 邮政编码：100029）

出版人：张梦欣

*

北京市艺辉印刷有限公司印刷装订 新华书店经销
787毫米×1092毫米 16开本 7.75印张 172千字
2011年7月第1版 2024年5月第12次印刷
定价：15.00元
营销中心电话：400-606-6496
出版社网址：http://www.class.com.cn
http://jg.class.com.cn

# 前言

为深入贯彻落实《国家中长期人才发展和规划纲要（2010—2020年）》和《国家中长期教育改革和发展规划纲要（2010—2020年）》精神，适应建设社会主义新农村、加快发展现代农业的需要，加大培养适应农业和农村发展需要的专业人才力度，人力资源和社会保障部教材办公室组织了一批教学经验丰富、实践能力强的教师与行业专家，在充分调研、讨论专业设置和课程教学方案的基础上，编写了农林牧渔类相关专业系列教材，共涉及种植、养殖、农机使用与维修、农村经济管理、农村能源开发与利用等专业，将于2011—2012年陆续出版。

本套教材具有以下特点：

第一，以满足农业生产为主导方向，以培养学生实践能力为基本原则，在合理确定学生应具备的能力结构与知识结构基础上，对教材内容的深度、广度进行了科学设计，并突出了实践性教学内容。

第二，根据农村经济和农业技术发展的趋势，尽可能多地在教材中充实新理念、新知识、新方法和新设备等方面的内容，力求使教材具有鲜明的时代特征，满足新农村建设的需要。

第三，在教材的表现形式上，尽可能多地采用图片、实物照片或表格等将知识点、技能点生动地展示出来，力求给学生创造一个更加直观的认知环境。

本套教材的编写得到了黑龙江省人力资源和社会保障厅以及黑龙江技师学院、黑龙江第二技师学院、哈尔滨技师学院、佳木斯职教集团、哈尔滨劳动技师学院、中国一重技师学院、黑龙江机械制造高级技工学校哈尔滨分校、五大连池技工学校、黑龙江农业职业技术学院、黑龙江农业工程职业学院等一批技工院校和职业院校的大力支持，教材编审人员做了大量的工作，在此，我们表示衷心的感谢！同时，恳切希望广大读者对教材提出宝贵的意见和建议。

**人力资源和社会保障部教材办公室**

2011年7月

## 农林牧渔专业教材编委会



## 本书编审人员

主　编：肖兴宇
副主编：王希英
参　编：张　迎　王建宇
主　审：杜长征

# 简　介

本教材为全国中等职业技术学校农林牧渔类系列教材中的农机使用与维修专业主干教材。

本教材内容分为四章，分别包括耕整地机械使用与维护、播种与栽植机械使用与维护、田间管理机械的使用与维护和联合收割机的使用与维护等方面的内容。教材系统阐述了农用作业机械的整体结构、工作过程、使用维护、常见故障及排除方法，教学内容选取以目前农业上常用的典型设备为主，知识点力求简单，文字表述通俗易懂，呈现方式图文并茂、效果明了。

本教材由肖兴宇任主编，王希英任副主编，张迎、王建宇参与编写。其中，第一章由哈尔滨技师学院张迎编写，第二章由哈尔滨技师学院王建宇编写，第三章由黑龙江农业工程职业学院王希英编写，第四章由黑龙江农业工程职业学院肖兴宇编写。全书由肖兴宇统稿，由黑龙江农业工程职业学院杜长征审定。

# 目　录

# 绪　论

农业机械即农业生产中所使用的机械，包括动力机械和作业机械两个方面。动力机械为作业机械提供动力，作业机械则直接完成农业生产中的各项作业。从广义上讲，动力机械及配套的作业机械统称为农业机械；而农用作业机械教材所用农业机械的概念为狭义上的农业机械概念，即只包括作业机械和动力制成整体的联合作业机，不包括单独的动力机械。

## 一、农用作业机械的作用、特点和种类

### 1. 农用作业机械在生产中的作用

农业机械化是农业现代化的一个重要组成部分，随着农业现代化的发展，农用作业机械在农业生产中将发挥越来越重要的作用。

（1）提高劳动生产率。

（2）提高单位面积收获量。

（3）促进农业生物技术的实施与发展。

（4）争取时间，不违农时。

（5）改善劳动条件。

### 2. 农用作业机械的特点

**（1）种类繁多**

农用作业机械的工作对象，其物理力学性能复杂，且多为有生命的，因此农用作业机械必须有良好的工作性能，能适应各种工作对象，满足各项作业的农业技术要求。

**（2）作业复杂**

许多农用作业机械在作业时都不止完成某一项任务，而是要完成一系列的作业项目。例如播种机在作业时除了将种子均匀排出外，还要开沟、覆土、镇压；联合收获机作业时，要连续完成收割、脱粒、分离、清选等作业项目。作业的复杂造成机器结构上的复杂性。

**（3）作业环境条件差**

大多数农用作业机械都是在田野或露天场地作业，烈日暴晒，风沙尘土多，有时还受雨淋。因而农用作业机械应具有较大的强度和刚度，有较好的耐磨、防腐、抗震等性能。

**（4）使用时间短**

农业生产有很强的季节性，这就要求农业机械必须工作可靠。

**（5） 制造要求高**

农用作业机械看起来很粗糙，不精密，但制造工艺的要求很高。许多铸锻件或冲压件不做任何切削加工就装配使用，甚至连齿轮都是铸好就用，而且能正常工作。这表明农业机械制造有其独特之处。

**3．农用作业机械的种类**

农用作业机械应用面广，种类繁多。一般按作业性质可分为农田作业机械、农副产品加工机械、装卸运输机械、排灌机械、畜牧机械和其他机械六大类。而农田作业机械又可分为耕耘和整地机械、种植和施肥机械、田间管理机械和植物保护机械、收获机械及场上作业机械等。

根据我国《农机具产品编号规则》（JB/T 8574—1997）标准的规定，农机具定型产品除了有铭牌和名称外，还应按统一的方法确定型号。型号由三部分符号和数字组成，分别反映产品的类别、特征和主要参数。

**（1） 类别代号**

类别代号由用数字表示的分类号和字母表示的组别号组成。分类号共十个，用阿拉伯数码表示，分别代表十类不同的机具，见表 0—1。组别号则用产品基本名称的汉语拼音第一个字母表示，如“L”代表犁、“B”代表播种机、“G”代表收割机。

**（2） 特征代号**

特征代号用产品特征的汉语拼音中一个主要字母表示，如“Q”表示牵引、“B”代表半悬挂、“Y”表示液压、“L”表示联合、“T”表示通用等。

**（3） 主要参数**

用数字表示产品的主要结构或性能参数。如犁用犁体数和每个犁体的耕幅表示（单位为 cm）、播种机用播种行数表示、收割机用割幅表示（单位为 m）。

例：重型四铧犁

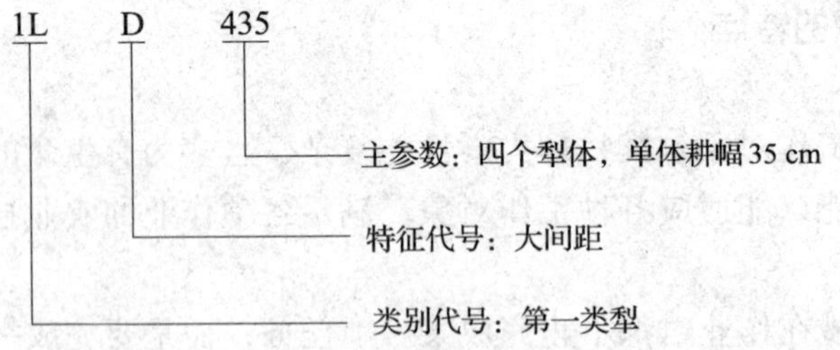


**表 0—1　　农机具分类号**

| 机具类别名称 | 分类号 | 机具类别名称 | 分类号 |
| --- | --- | --- | --- |
| 耕耘和整地机械 | 1 | 农副产品加工机械 | 6 |
| 种植和施肥机械 | 2 | 装卸运输机械 | 7 |
| 田间管理和植物保护机械 | 3 | 排灌机械 | 8 |
| 收获机械 | 4 | 畜牧机械 | 9 |
| 谷物脱粒、清选和烘干机械 | 5 | 其他机械 | 0 |

## 二、我国农用作业机械的发展概况

我国的农业生产已有数千年的历史，劳动人民在生产中发明创造了多种生产工具，有的结构已相当完善，在当时处于领先地位，但在以后漫长的封建社会，农业生产工具发展缓慢，长期处于落后状态。

新中国成立后，我国农机事业开始得到迅速发展。20 世纪 50 年代，国家在推广人、畜力改良农具的同时，兴办了国营农场和拖拉机站，从前苏联和东欧国家引进了一批拖拉机和配套农机具，建设了一批农机企业，创办了各类农机院校，建立了各级农机科研机构和农机试验鉴定机构，为我国农业机械化的发展准备了基本条件。20 世纪 60 年代，我国农机工业有了较大发展，农机产品从仿制发展到自行设计制造。20 世纪 70 年代，我国农机产品的研制已具有相当的规模和水平，不仅生产出各种大、中型拖拉机和配套机具，并且发展了一些适合我国实际需要的新品种，有的已形成系列。20 世纪 80 年代以来，由于农村生产经营体制的改变和农村经济的发展，农民自购自用的小型农具得到迅速发展，有的还出口国外。与此同时，随着改革开放的逐步深入，也引进了一些国外农机新技术和新机型，研制了一些新产品，使我国农机产品的水平有了新的提高。不仅拉动了广大农民对农业机械的新需求，促进了农用机械工业的发展，而且推进了农业机械化快速发展，改善了农业生产条件，提高了农业生产力，促进了农业增效和农民增收，加快了传统农业向现代农业的转变。

## 三、国内外农业机械发展趋势

1. 农用拖拉机向大功率四轮驱动发展，农机具也向宽幅、高速、大型化发展。
2. 发展联合作业机和多用农机具，提高生产率和农机具利用率。
3. 进一步提高农机产品的系列化、标准化、通用化程度。
4. 不断将液压、电子、红外线、计算机等先进技术应用于农业机械的操纵、控制、调节和监测，逐步趋于自动化。
5. 农机和农艺进一步结合，互相促进，加速农业机械化的进程。

# 第一章　耕整地机械使用与维护

学习目标：

◆ 应掌握各种耕整地机械的结构及工作过程

◆ 会正确使用常见的耕整地机械

◆ 能正确维护常见的耕整地机械

耕整地机械是对农田土壤进行机械处理使之适合农作物生长的机械。耕整地机械种类很多，按耕作的基本原理分有铧式犁、圆盘犁、旋耕机和深松机等；按与拖拉机的挂结方式分有牵引式、悬挂式和半悬挂式；按用途不同可分为旱地犁、水田犁、山地犁。

在耕地机械中，历史最悠久、使用最广的是铧式犁。它的翻土和覆盖性能为其他的机械所不及。圆盘犁多用于铧式犁难于入土的干硬土壤或黏湿土壤，这种机具在我国很少使用。近几年来，黑龙江省和吉林省在逐渐推广深松机具。一般来说，深松机具有较强的入土能力，可以破碎犁底层。

整地机械是用于耕地后、播种前整地的机械，包括各种耙、镇压器、平地机械及开沟作畦机械等。

## 第一节　概　　述

土壤耕作包括耕地和整地两部分，耕整地是作物栽培的基础。耕整地质量的好坏对作物收成有显著影响。

### 一、耕整地的目的和农业技术要求

#### 1. 耕地的目的及耕地的农业技术要求

耕地是恢复和提高土壤肥力的主要措施，是农业生产的基本环节。

**（1）耕地的目的**

耕地是恢复和提高土壤肥力的重要措施，其主要作用是疏松土壤，透气蓄水，覆盖杂草和残茬，防止病虫害，为作物生长发育创造良好的条件。

(2) **耕地的农业技术要求**

由于各地区自然条件和作物种类对耕作方式的要求不尽相同，所以农业技术对耕地机械作业要求也不完全一样。主要有以下几个方面：

1）适时作业，不误农时。

2）耕深符合规定，深度均匀一致。

3）翻垡良好，残茬和杂草覆盖严密。

4）土壤松碎，地表平整，开闭垄尽量少。

5）地头整齐，不重耕，不漏耕。

**2. 整地的目的及农业技术要求**

(1) **整地的目的**

旱地整地作业的主要目的在于进一步破碎土块，压实平整地表，消除土块间的过大空隙，减少水分蒸发，以利保墒，为种子发芽生长打下良好的基础。水田整地的目的则要求土壤松、碎、软、平，便于插秧和灌水。

(2) **整地的农业技术要求**

旱地与水田整地作业的农业技术要求差别很大，应分情况区别对待，基本的要求是：

1）耙深耙透，深度应均匀一致，无漏耙地，应消除暗坷垃。一般旱地耙深为 10 ~ 20 cm，水田为 10 ~ 15 cm。

2）地面平整，碎土良好。耙透耙碎垡片和草层，耙后表土平整、细碎、松软，但又要有适当的紧密度，因此，有些地区还需进行镇压作业，以减少土壤水分蒸发，增强抗旱保墒能力。

3）整好的苗床要求做到上暄下实，以利于作物幼苗扎根生长。

机械整地必须做到“时、深、透、碎、平、实”六字标准，以实现上述各项农业技术要求。

## 二、耕地的基本方式

耕地有耕翻（平翻、垄翻）、旋耕、深松等基本方式。

**1. 平翻**

平翻包括普通耕翻和复式耕翻。普通耕翻是指用不带小铧的犁翻地，垡片翻转小于 180°，适用于熟地。复式耕翻是指用带小铧的复式犁耕地，小铧将地表层土壤翻到沟底，主犁体再将土垡覆盖其上，因此耕后地表松碎平坦，覆盖严密，有利于消灭杂草和防治病虫害。

**2. 垄翻**

垄翻是指在原垄上进行耕翻，破旧垄合新垄。其特点是把耕地和起垄合成一个过程，并可同时进行播种。

**3. 旋耕**

旋耕是一种新的耕作方式，用旋耕机进行耕作。工作部件是高速旋转的刀齿，按铣切原理切削土壤。其特点是耕后土壤松碎，可减少整地工作量。

**4. 深松**

深松是指用深松铲进行耕作，土壤松而不翻，可以打破犁底层，深松耕作层，蓄水保墒，适用于干旱地区。

## 第二节　悬挂犁的使用与维护

犁是一种耕地工具。它的主要作用是翻土和碎土。以犁铧为主要工作部件的犁称为铧式犁。铧式犁种类很多，现在农村应用较多的是悬挂犁。

### 一、悬挂犁的结构和工作过程

悬挂犁主要是由工作部件和辅助部件组成。工作部件有主犁体、小前犁、圆犁刀等，辅助部件有犁架、悬挂装置和限深轮等（见图 1—1）。

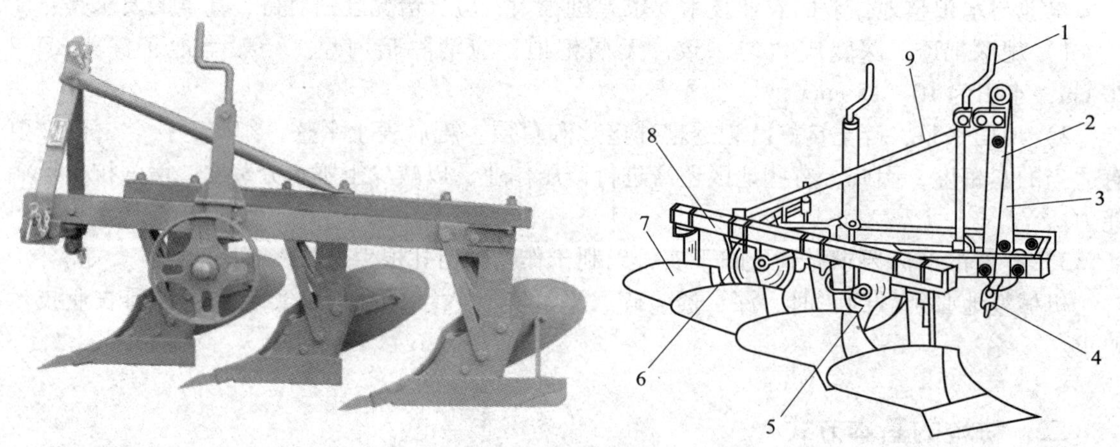


图 1—1　悬挂犁的结构

1—调节手柄　2—右支杆　3—左支杆　4—悬挂轴　5—限深轮　6—圆犁刀　7—犁体　8—犁架　9—中央支杆

悬挂犁通过悬挂架的上悬挂点和两个下悬挂点与拖拉机悬挂机构相连接构成一个机组。工作时根据拖拉机液压系统的不同形式，犁的耕深可由限深轮或拖拉机液压系统来控制。犁体切开土垡并使之翻转破碎以及覆盖地表残茬和杂草。运输时，将犁悬挂在拖拉机上。悬挂轴的两端为曲拐轴销。操纵手柄用以转动悬挂轴，可以进行耕宽调节。

### 二、悬挂犁的使用维护

**1. 作业前的主要技术状态检查**

**（1）总体安装**

犁在总体安装时应确定各犁体在犁架上的安装位置，保证不漏耕、不重耕和耕深一致，并使限深轮等部件与犁体有正确的相对位置。以1LD—435型悬挂犁为例，其总体安装可按下列步骤进行。

首先，选择一块平坦的地面，在地面上画出横向间距为单犁体耕幅（不含重耕量）的纵向平行直线，以犁铧尖纵向间距依次在各纵向直线上截取各点，使各犁体分别放在纵向平行线上，使犁铧尖与各截点重合。

其次，使犁架纵主梁放在已经定位的犁体上。按表1—1中的尺寸安装限深轮，转动耕深调节丝杆，使犁架垫平。

最后，前后移动犁架，使第一铧犁柱中心线到犁架前梁里侧的尺寸符合表1—1中的要求。

**表1—1　　1LD—435型悬挂犁的安装尺寸**　　mm

| | |
|---|---|
| 第一铧犁柱中心线到犁架前梁里侧的距离 | 150 |
| 犁体耕幅 | 350 |
| 犁铧尖的纵向间距 | 800 |
| 限深轮中心线到犁架外侧的距离 | 420左右 |

安装后应符合以下技术要求：

1）当犁放在平坦的地面上，犁架与地面平行时，各犁铧的铧刀（梯形铧）和后铧的犁侧板尾端与地面接触，处于同一平面内。其他的犁侧板末端可离开地面5 mm左右。各铧刃高低差不大于10 mm，铧刃的前端不得高于后端，但允许后端高于前端不超过5 mm。凿形犁铧尖低于地面10 mm。

2）相邻两犁铧尖的纵向和横向间距应符合表1—1规定的尺寸要求。

3）各犁柱的顶端配合平面应与犁架下平面靠紧，各固定螺栓应紧固可靠。

4）犁轮和各调整应灵活有效。

**（2）犁体检查**

1）犁铧与犁壁的连接处应紧密平齐，缝隙不得大于1 mm。犁壁不得高出犁铧，犁铧高出犁壁不得超过2 mm。

2）所有的埋头螺钉应与表面平齐，不得凸出，下凹量也不得大于1 mm。

3）犁铧和犁壁的胫刃应位于同平面内，若有偏斜，只准犁铧突出犁壁之外，但不得超过5 mm。

4）犁铧、犁壁、犁侧板在犁托上的安装应当紧贴，螺栓连接处不得有间隙，局部处有间隙也不能大于3 mm。

5）犁侧板不得凸出胫刃线之外。

6）犁体装好后的垂直间隙和水平间隙应符合要求。如图1—2所示，犁的垂直间隙是指犁侧板前端下边缘至沟底的垂直距离，见图1—2a，其作用是保证犁体容易入土和保持耕深稳定。犁体的水平间隙是指犁侧板前端至沟墙的水平距离，见图1—2b，其作用是使犁体在工作时保持耕宽的稳定性。通常梯形犁铧的垂直间隙为10~12 mm，水平间隙为

5 ~ 10 mm；凿形犁铧垂直间隙为 16 ~ 19 mm，水平间隙为 8 ~ 15 mm。当铧尖和侧板磨损后，间隙会变小，当垂直间隙小于 3 mm，水平间隙小于 1. 5 mm 时，应换修犁铧和犁侧板。

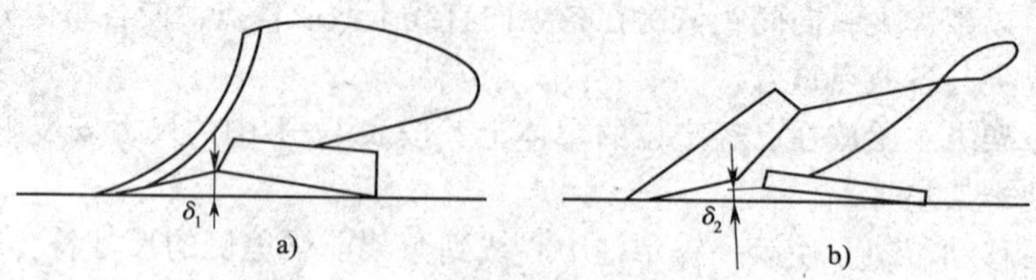


图 1—2　犁体的垂直间隙和水平间隙

a）垂直间隙　b）水平间隙

**（3）圆犁刀、小前犁的安装**

圆犁刀和小前犁的正确安装如图 1—3 所示。通常圆犁刀的上下位置，以其盘毂离地表 10 mm 以上为宜；左右位置，以圆犁刀旋转面在犁胫线左侧 10 ~ 30 mm 处为宜；前后位置，以圆犁刀中心垂线处于铧尖前方 0 ~ 30 mm 为宜。若有小前犁，则以小前犁铧尖为准。通常小前犁的上下位置，以保证耕深达到 80 ~ 100 mm 为准；前后位置，以小前犁铧尖的垂线处于主犁体铧尖前方 250 ~ 300 mm 为宜。

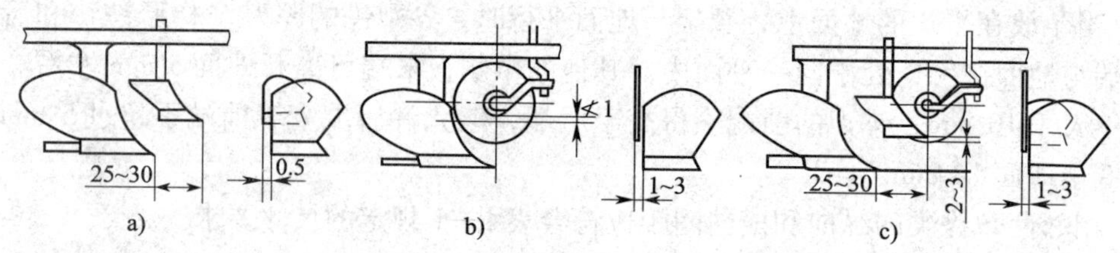


图 1—3　小前犁和圆犁刀的安装位置

a）小前犁单装　b）圆犁刀单装　c）小前犁、圆犁刀同时安装

### 2. 悬挂犁的调整

悬挂犁的调整要在与拖拉机悬挂机构连接后，结合耕作进行。悬挂犁与拖拉机悬挂机构的连接顺序是先下后上，先左后右。连接前，先检查拖拉机的悬挂机构各杆件及限位链是否齐全，上下连杆的球接头及调节丝杆是否灵活，通过转动深浅调节丝杆调整限位轮高度，将犁架调平。然后，拖拉机缓慢倒车与犁靠近。

通过液压操纵手柄调整下拉杆的高度，先将左侧下拉杆与犁左销轴连接，再前后移动拖拉机和调整右侧提升杆长度，使右侧下拉杆与犁右销轴连接。最后通过液压操作手柄或调整上拉杆长度，使上拉杆与犁的上悬挂点挂接。

犁的调整包括耕深调整、前后水平调整、左右水平调整、纵向正位调整和上下悬挂点位置的调整。

**（1）悬挂犁的耕深调节**

悬挂犁的耕深调节，因拖拉机液压系统不同，有以下几种方法：

1）力调节法（见图 1—4）。调节耕深时，改变拖拉机力调节手柄的位置，若向深的方向扳动角度越大，则耕深越大。耕地时，其耕深由液压系统自动控制，耕地阻力增加时，上调节杆受到的压力增加，耕深会自动变浅，使阻力降低；反之，则自动下降变深些，使犁耕阻力不变，减轻驾驶员劳动强度，又使拖拉机功率充分发挥。

2）高度调节法（见图1—5）。调节时，通过丝杆改变限深轮与机架间的相对位置。提高限深轮的高度，则耕深增加；反之耕深减少。犁在预定的耕深时，限深轮对土壤压力应适当。压力过大，滚动阻力增加；过小则遇到坚硬土层，限深轮可能离开地面，使犁的耕深不稳。根据试验，先使犁达预定耕深后，将限深轮升离地面继续工作，测定最后一个犁体耕深比预定耕深大3～4 cm，则限深轮受到支反力为合适。如超过4 cm说明限深轮对土壤压力过大；不足3 cm说明限深轮压力过小，应适当调节上、下悬挂点的位置，以获得适当的入土力矩。升犁时，先将拖拉机上的液压手柄向上扳，后在“中立”位置固定；降犁时，把手柄向下压，并固定在“浮动”位置上。采用高度调节法耕地，工作部件对地表的仿行性较好，比较容易保持一致。

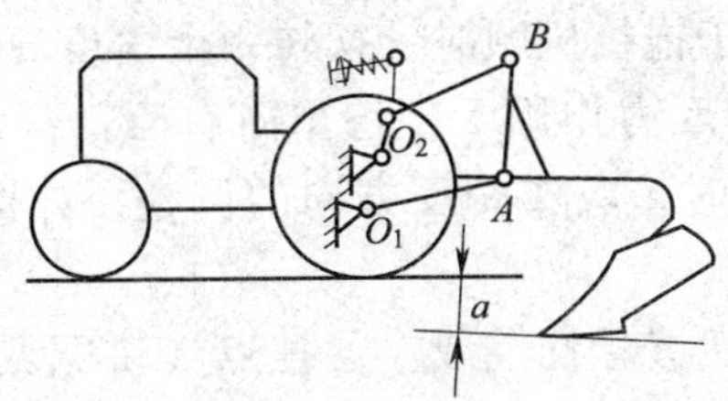


图1—4　力调节法

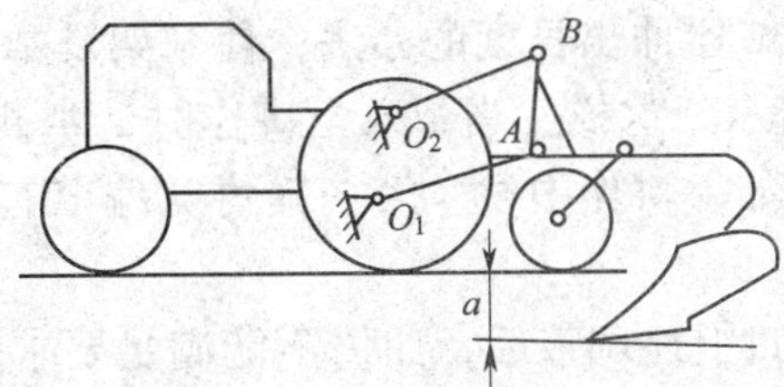


图1—5　高度调节法

3）位置调节法（见图1—6）。耕地时，犁和拖拉机的相对位置不变，当地表不平时，耕深会随拖拉机的起伏而变化，仅能在平坦的地块上工作，故犁耕时较少采用。

**（2）悬挂犁的水平调整**

为了使多犁体的前后犁体耕深一致，保证犁耕质量，要求犁架纵向和横向都与地面平行，因此水平调整有两个步骤。

1）纵向水平调整。耕地时，犁架的前后应与地面平行，以保证前后犁体耕深一致。如图1—7所示，犁在开始入土时，需要一入土角，一般是5°～15°，达到要求的耕深后犁架前后与地面平行，入土角消失。调整的部位是拖拉机悬挂机构上拉杆，缩短上拉杆，入土角就变大。若上拉杆调整过短，会造成耕地时犁架不平，前低后高，前犁深，后犁浅；上拉杆调整偏长，犁入土困难，入土行程大，地头留的长，犁架前高后低，前犁浅，后犁深。上拉杆调整过长，如图1—7b所示，犁将不能入土。

2）横向水平调整。耕地时，犁架的左右也应与地面平行，以保证左右犁体耕深一致。犁架的左右水平是通过伸长或缩短拖拉机悬挂机构和右提升杆进行调整的。当犁架出现右侧低左侧高时，应缩短右提升杆；反之，应伸长右提升杆。拖拉机悬挂机构的左提升杆长度也是可以调整的，但为了保证犁的最大耕深和最小运输间隙，应先将左提升杆调整到一定长度，然后用上拉杆和右提升杆调整犁架的水平位置。

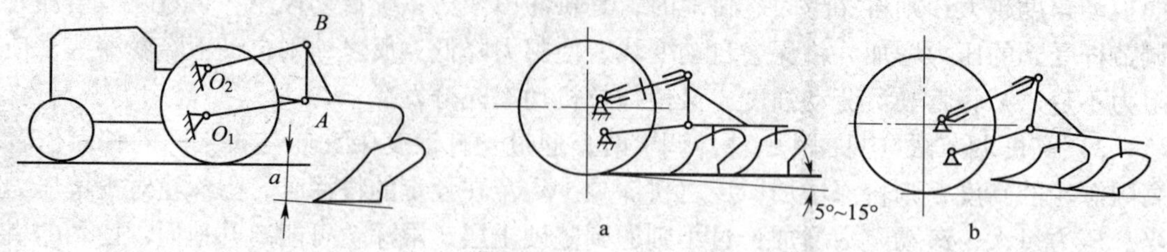


图 1—6　位置调节法

图 1—7　纵向水平调整
a）正确　b）错误

**（3）悬挂犁的耕宽调整**

多铧犁耕宽调整，就是改变第一铧的实际耕宽，使之符合规定要求。悬挂犁的耕宽调整是通过改变下悬挂点与犁架的相对位置，使犁侧板与机组前进方向成一倾角来实现的。

当第一铧实际耕宽偏大，与前一趟犁沟出现漏耕时，可通过转动曲拐式悬挂轴或缩短耕宽调节器伸出长度的办法，使犁架及犁侧板相对于拖拉机顺时针摆转一个角度 $\alpha$，如图 1—8 所示。这样，当犁入土耕作时，犁侧板在沟墙反力作用下，将犁向右摆正，消除了漏耕。如果耕作中发生第一铧耕宽偏窄有重耕现象时，应作相反方向的调整，如图 1—9 所示。

通过上述调整后，如仍不能满足要求，可再用横移悬挂轴或左悬挂点（耕宽调节器）的方法来调整。漏耕时左移悬挂轴或左悬挂点，重耕时右移。

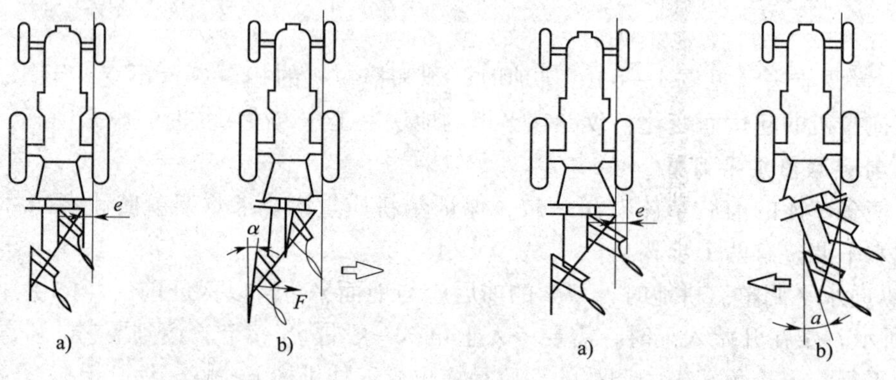


图 1—8　耕宽偏大时的调整

图 1—9　耕宽偏小时的调整

**注意事项**

1. 机组开动前，须先发信号，起步要平稳，不能过猛。
2. 在运转过程中，不准进行润滑、调整和故障排除。
3. 在地头转弯时，应先将犁升起。
4. 犁耕时，犁上不得坐人。
5. 悬挂犁使用时，其梯形螺旋丝杠处不能缺油。

6. 在犁体工作表面及丝杠上涂抹废机油，可防锈蚀。

### 3. 常见故障与排除方法

常见故障与排除方法见表1—2。

表1—2 常见故障及排除方法

| 故障现象 | 故障原因 | 排除方法 |
|---|---|---|
| 入土困难 | 1. 铧刃磨损<br>2. 土质干硬<br>3. 犁架前高后低<br>4. 犁铧垂直间隙小 | 1. 更换犁铧或用锻伸方法修复<br>2. 适当加大入土角和入土力矩或在犁架尾部加配重<br>3. 调短上拉杆长度、提高牵引犁横拉杆或降低拖拉机的拖把位置<br>4. 更换犁侧板、检查犁壁等。 |
| 耕后地不平 | 1. 犁架不平或犁架、犁铧变形<br>2. 犁壁沾土、土垡翻转不好<br>3. 犁体在犁架上安装位置不当或振动后移位 | 1. 调平犁架、校正犁柱（非铸件）<br>2. 清除犁壁上沾的土，并保持犁壁光洁<br>3. 调整犁体在犁架上的位置 |
| 水田作业时入土过深 | 1. 悬挂犁机组力调节系统不起作用，犁出现钻深现象<br>2. 土壤承压能力较弱 | 1. 不用力调节系统<br>2. 将犁架前端稍调高些，安装限深滑板 |
| 立垡甚至回垡 | 1. 过深<br>2. 速度过慢<br>3. 各犁体间距过小，宽深比不当<br>4. 犁壁不光滑 | 1. 调浅<br>2. 加速<br>3. 当耕深较大时，可适当减少铧数，拉开间距<br>4. 清除犁壁上沾的土 |
| 耕宽不稳 | 1. 耕宽调节器U形卡松动<br>2. 胫刃磨损或犁侧板对沟墙压力不足<br>3. 水平间隙过小 | 1. 紧固，若U形卡变形则更换<br>2. 增加犁刀或更换犁壁、侧板<br>3. 检查该间隙，调整或更换犁侧板 |
| 漏耕或重耕 | 1. 偏牵引、犁架歪斜<br>2. 犁架或犁柱变形<br>3. 犁体距离不当 | 1. 调整纵向正柱<br>2. 校正（非铸件）或更换<br>3. 重新安装并调整 |

### 4. 犁的维护保养

犁的维护保养大致可分为日常保养、定期保养和季节保养。

**（1）日常保养**

日常保养包括清理泥土、注油、检查各部件和犁架的紧固情况。具体来说，日常保养应做到：

1）每班作业后应及时清除犁体、犁刀和限深轮上的泥土和杂草。

2）应按照部件总成拆下，检查各工作部件的技术状态是否符合说明书所给出的要求。

3）拧紧松动的螺栓、螺母。

4）检查升降机构和耕深调节机构的灵活性。

5）检查并修复变形零件，如果发现有机器部件变形时，应该及时加以修复或更换，不能随便代用。

6）向各转动部分加注润滑油，存放在干燥通风处，以防止潮湿雨淋使机具生锈。

7）检查安全销有无问题。

8）看一看油缸、油管是否漏油。

**（2）定期保养**

定期保养在工作 60～100 h 之后进行。

1）除了完成日常保养的内容外，还要检查犁体前后壁、犁侧板等易损件的磨损情况，检查犁体的磨损情况，损坏的要及时更换。

2）拆洗各调节装置，检查各轮的间隙和犁铧刃口，必要时调整和磨锐。如果磨损严重，则应拆下修复或更换。

3）每耕季工作结束后，应清洗干净，全面检查犁的技术状态，换修磨损或变形的零件。

**（3）季节保养**

1）每季结束后，要将圆犁刀、限深轮、耕宽调节器丝杠及轴承等零部件拆下清洗，换修磨损及变形零件。

2）在犁体、小前犁和圆犁刀等部件的工作表面及丝杆上涂防锈油。

3）犁体、犁轮要用木块垫起，放松缓冲弹簧，停放在地势高而且通风干燥的场所。

## 第三节　旋耕机的使用与维护

### 一、旋耕机的构造及工作过程

旋耕机是用拖拉机动力输出轴驱动工作部件的一种耕作机具。工作部件是旋转刀片，按照对土壤进行铣削的原理进行工作。

旋耕机由机架、传动部分、旋耕刀轴、刀片、耕深调节装置、罩壳和拖板等组成。如图1—10 所示。

旋耕机工作时，刀片一方面由拖拉机动力输出轴驱动作回转运动，一方面随机组前进作等速直线运动。刀片在切土过程中首先将土垡切下，随即向后抛扔，土垡撞击罩盖与拖板而细碎，然后再落到地面上，由于机组不断前进，刀片就连续地进行松土。

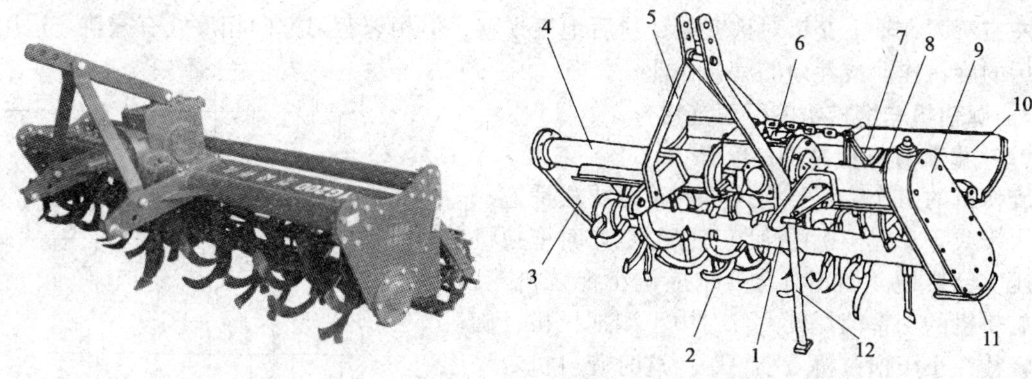


图 1—10　旋耕机

1—刀轴　2—刀片　3—右支臂　4—右主梁　5—悬挂架　6—齿轮箱　7—罩壳　8—左支梁　9—传动箱　10—平地托板　11—防磨板撑杆　12—撑杆

## 二、旋耕机的使用维护

### 1. 旋耕机的使用

在旋耕机使用的时候，应掌握好“读”“检”“安”。

**(1) 读**

仔细阅读产品使用说明书和机具上的安全标志，使用前对机具的潜在危险要做到心中有数，避免安全事故发生。

**(2) 检**

使用前应检查各部件，尤其是要检查旋耕刀是否装反，固定螺栓和万向节锁销是否牢靠。发现异常声音，应当立即停机检查。

**(3) 安**

指要安全操作，保证操作人员人身安全和旋耕机运转安全。

### 2. 旋耕机刀片的安装

旋耕机作业时，根据不同的农业技术要求，旋耕机刀片可采用不同的安装方法。地表有不同的形状，安装时，刀片的弯曲方向不同。常用有三种安装方法：内装法、外装法和交错法。

**(1) 内装法（见图 1—11a）**

将所有弯刀的弯曲方向朝向中央，刀轴所受轴向力对称，耕后刀片间没有漏耕，但耕幅中间成垄，适用于拆畦耕作。

**(2) 外装法（见图 1—11b）**

所有弯刀的弯曲方向背向中央，刀轴所受轴向力也对称，耕后刀片间没有漏耕，但耕幅中间成沟，两端成垄，适用于拆畦耕作和旋耕开沟联合作业。

**（3）交错法（见图 1—11c、d）**

左右弯刀在轴上交错对称安装，耕后地表平整，但相邻弯刀方向相反处有漏耕。适用于犁耕后的旋耕作业或茬地的旋耕作业。

### 3．旋耕机与拖拉机的配套连接

**（1）旋耕机与拖拉机的配套**

旋耕机的工作幅宽与拖拉机的轮距要相适应，一般要大于或等于拖拉机的轮距，以免工作时拖拉机的轮子压实已耕地。如不符合要求应调小拖拉机轮距。由于旋耕机的功率消耗较大，对中小型拖拉机，旋耕机耕幅往往小于拖拉机最小轮距，这时旋耕机应采用偏悬挂方式，偏置拖拉机的一侧，还要在工作中选用合适的行走方法，即可避免压实已耕地。

**（2）旋耕机与拖拉机的连接**

旋耕机一般用三点悬挂方式与拖拉机连接，并通过万向节传动轴与拖拉机动力输出轴相联。万向节与拖拉机、旋耕机间的正确联接应该是：

1）方轴和方轴套间的配合长度要适当。安装万向节轴时，注意伸缩方轴的长度应和拖拉机型号相适应，选用不同型号拖拉机，其方轴或方轴长度也不相同。在万向节轴的构造中已说明。

2）方轴与方轴套的夹叉须在同一平面内，如图 1—12 所示。若装错，旋耕机的传动轴回转就不均匀，并伴有响声和振动，使机件损坏。

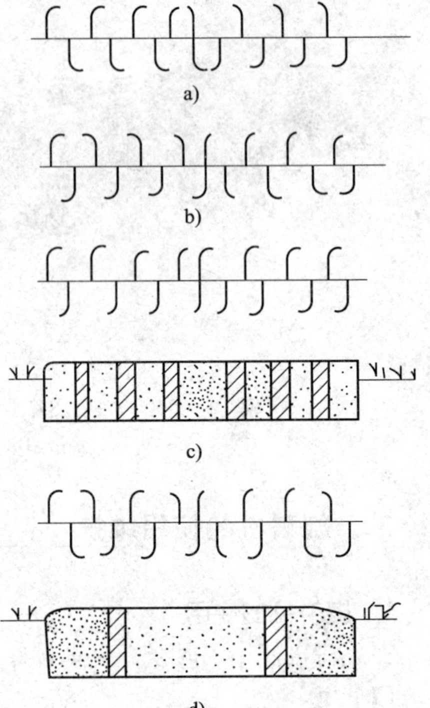


图 1—11　左、右弯刀的配置

a）内装法　b）外装法　c）、d）交错装法

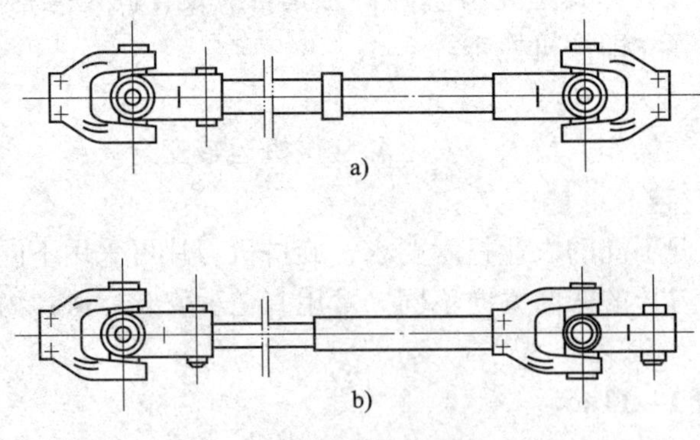


图 1—12　万向节的正误安装

a）正确　b）错误

3）旋耕机降到工作位置，达到预定耕深时，要求旋耕机中间齿轮箱花键轴（即第一轴）与拖拉机输出轴平行，以使万向节与两轴头间的夹角相等，使转动平稳，延长万向节使用寿命。如不符，可改变拖拉机上调节杆的长度来调节。

### 4. 旋耕机的调整

#### (1) 耕深调整

轮式拖拉机配用的旋耕机，一般由拖拉机液压系统用位调节方式控制，或在旋耕机上安装限深滑板控制。手扶拖拉机配用的旋耕机，耕深通过改变尾轮的高低位置来调整。

#### (2) 水平调整

三点悬挂的旋耕机，其水平调整与悬挂犁相同，左右水平用拖拉机上拉杆来调节。改变上调整杆的长度，可在工作位置时调整拖拉机动力输出轴与旋耕机输入轴平行度，保证万向节轴转动的均匀性。

#### (3) 提升高度的调整

旋耕机在传动状态下的提升高度受万向节允许的最大夹角限制，最大夹角一般不超过30°，有负荷时更不允许大夹角转动，以免损坏万向节。地头转弯时，需要防止旋耕机升得过高，而使万向节夹角过大，一般使刀片离开地面20 cm即可。在开始耕作前，应先将液压手柄限制在允许的提升高度上。

#### (4) 碎土性能的调整

碎土性能与机组的前进速度和刀轴的转速有关。刀轴转速一定时，增大前进速度，则土块变大；减小前进速度，则土块变小。机组前进速度一定时，增大刀轴转速，则土块变小；减小刀轴转速则土块变大。选择拖拉机前进速度和刀轴转速的原则是：保证碎土性能达到农艺要求的基础上，充分发挥拖拉机功率，以提高工效。

**注意事项**

1. 旋耕作业时，要遵守先转（刀轴）后降，边降边走，转速由低到高，入土由浅变深的操作方法，防止机件损坏，切忌猛降入土；禁止转弯耕作。

2. 旋耕机在检查、保养和故障排除时，必须切断动力，将旋耕机降至地面。需要更换部件时，要把旋耕机垫牢，发动机灭火，确保安全。

3. 在地头转弯时，为提高效率，可在提升时不切断动力，但应减小油门，降低万向节轴转速，并注意保证万向节的倾斜度不超过30°。

4. 万向节和刀片的安装要牢固，旋耕作业时，机后禁止站人，以保证人身安全。

### 5. 旋耕机常见故障及排除方法

旋耕机常见故障及排除方法见表1—3。

**表1—3　　旋耕机常见故障及排除方法**

| 故障现象 | 产生原因 | 排除方法 |
| --- | --- | --- |
| 负荷过大拉不动 | 1. 耕深过大<br>2. 土壤黏重、干硬 | 1. 减小耕深<br>2. 降低工作速度和犁刀转速 |
| 旋耕机向后间断抛出大土块 | 1. 犁刀弯曲、变形或切断<br>2. 犁刀丢失 | 1. 矫正或更换犁刀<br>2. 重新安装上犁刀 |
| 耕后地面不平 | 机组前进速度与刀轴转速不协调 | 调整两者速度的配合关系 |

续表

| 故障现象 | 产生原因 | 排除方法 |
| --- | --- | --- |
| 旋耕刀轴转不动 | 1. 齿轮或轴承损坏后咬死<br>2. 侧挡板变形后卡住<br>3. 旋耕刀轴变形<br>4. 旋耕刀轴被泥草堵塞<br>5. 传动链折断 | 1. 修理或更换<br>2. 矫正修理<br>3. 矫正修理<br>4. 清除堵塞物<br>5. 修理或更换 |
| 工作时有金属敲击声 | 1. 旋耕刀固定螺钉松动<br>2. 旋耕刀轴两端刀片变形后敲击侧板<br>3. 传动链过松 | 1. 拧紧固定螺钉<br>2. 矫正或更换<br>3. 调整链条紧度，如过长可去掉一对链节 |
| 旋耕刀变速有杂音 | 1. 安装时有异物落入<br>2. 轴承损坏<br>3. 齿轮牙齿损坏 | 1. 取出异物<br>2. 更换轴承<br>3. 修理或更换 |

### 6. 旋耕机的维护保养

正确进行旋耕机的维护保养，是保证旋耕机正常运转，提高工作效率，保证性能良好，延长使用寿命的重要方法。"防重于治、养重于修"是旋耕机使用保养的基本原则。旋耕机的保养分为日常保养、季度保养和长期保养与存放保管。

**(1) 日常保养**

一般情况下，每班作业后应进行日常班次保养，保养内容包括以下方面：

1) 拧紧各连接部分的螺母、螺栓。

2) 检查万向节插销开口销是否缺损。

3) 检查齿轮箱及链轮箱油面，必要时添加。

4) 万向节十字轴和刀轴左、右轴承应加注润滑脂。

5) 清除轴承座、刀轴和机罩上的油泥。

**(2) 季度保养**

在日常班次作业进行一段时间后（100 h）应该进行一级保养，而耕作季节结束后，要进行二级保养。

1) 一级保养（100 h保养）：

①执行日常保养规定项目。

②清除旋耕机上的沾泥和刀轴上的缠草等。

③检查齿轮箱及链轮箱齿轮油质量，如变质应更换。

④变速器及侧齿箱内的润滑油用脏后，应予以更换。各黄油嘴处应注足黄油，可以使用20号齿轮油。如果侧齿箱润滑油有污泥，应该拆检并更换刀轴密封件。

⑤检查刀轴两端轴承是否因油封失效而进泥水，必要时应拆开清洗，安装时应加足润滑脂。

⑥检查万向节十字轴是否因滚针磨损松动，或有泥土落入转动不灵活，必要时应拆开清洗并重新加满润滑脂。

⑦检查刀片是否过度磨损，必要时应拆下重新锻打、磨刃或更换。

⑧用链传动的旋耕机还应检查链片与销子铆接是否松动，必要时应重铆或更换部分链片。

⑨检查链条张紧器的弹簧是否失效，必要时应进行更换或调整。

⑩检查各传动部分漏油是否严重，必要时应更换油封。

2）二级保养（每季工作结束后进行）

除每个作业季度完成后应进行季度保养外，还要做到：

①更换齿轮油。

②检查十字节总成磨损情况，清洗或更换。

③刀轴两端是否因油封失效而进泥水，应拆开清洗封，加足黄油。

④检查锥齿轮啮合间隙，必要时应调整。

⑤拆下全部刀片检查校正，然后涂上黄油保存起来。

⑥检查各轴承有无磨损，调整或更换。

**（3）长期保养与存放保管**

1）长期保养（工作一年以上）

旋耕机工作一年以后，还要进行如下的维护和保养：

①清除机件上的油泥。

②放出传动箱内的齿轮油并清洗内部，拆卸检查，换掉磨损件。然后加入新齿轮油，重新装好。

③拆洗万向节部件，清洗十字节滚针。

④检查及更换紧固零件及开口销等。

⑤检查刀片，不好的要换新刀片。

⑥修复罩壳托板。

2）存放保管

旋耕机长期不用时，应进行妥善的存放保管。

①全面检查机具的外观，补刷油漆，在弯刀、花键轴上涂油。

②旋耕机长期停放时应放在室内。轮式拖拉机配套旋耕机应置于水平地面，不得悬挂在拖拉机上。

③停放期间，要拆下万向节，放好。

④将旋耕机垫起，并用撑杆支牢。

⑤露天存放应选择地势较高的地方，避免积水将机器锈蚀，机上应加遮盖物以防雨雪，旋耕刀的刀尖一定要离地。刀片要进行防锈处理。

# 第四节　深松机的使用与维护

土壤深松是世界各地广泛应用的一项农业增产技术，多用于保护性耕作。深松是指超过正常犁耕深度的松土作业，一般只松土、不翻土，深度可达 30～60 cm。其作用是保持土壤水分，防止表土流失；破坏坚硬的犁底层，增加土壤的透气透水性，改善作物根系的生长环境。

## 一、深松机的种类和一般构造

### 1．深松机的种类

按完成的作业项目的不同，深松机具可分为深松犁和深松作业联合机。还有的在原来机具的基础上加装深松部件。

### 2．深松机的一般构造

深松犁的一般构造如图 1—13 所示。有机架，机架前有悬挂架，后端有横梁用以安装深松铲。机架前端两侧安装有限深轮，用以调整和控制松土深度。工作部件一般为凿形深松铲，直接装在机架横梁上，前、后排成两行，通过性好，不易堵塞。深松后地表较平整。深松机上备有安全销，耕作中遇到树根或石块等大障碍物时，能保护深松铲不受损坏。机架除“T”形结构外，还有木形架结构，这样才能安装前后两行深松铲。深松犁多与大功率拖拉机配套，最大深度一般可达 50 cm。

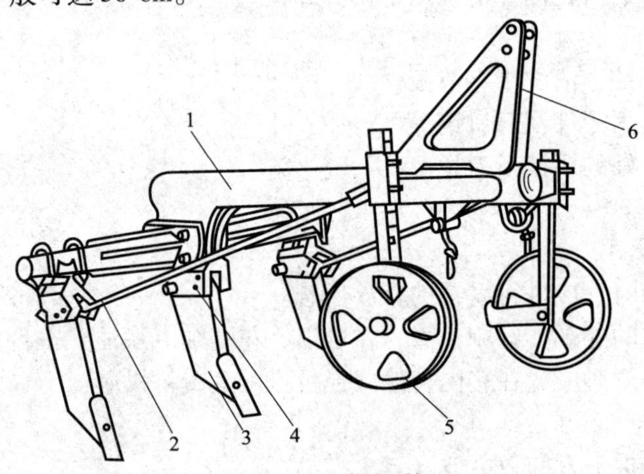


图 1—13　深松犁

1—机架　2—拉筋　3—深松铲　4—安全销　5—限深轮　6—悬挂架

## 二、深松机的使用调整

### 1．深松机的安装

深松机可根据工作需要安装成超深松、分层深松和全面深松等不同作业状态。

（1）**超深松作业**

60～70 cm 行距时，前横梁中心线上装一组深松铲，后横梁上安装两组深松铲；45 cm 行距时，前后横梁各装两组深松铲。

（2）**分层深松作业**

前梁上装 3 组深松铲，后梁上装 3 组深松铲。

（3）**全面深松作业**

前梁上装 3 组深松铲，后梁上装 4 组深松铲。

深松部件安装时的配置图如图 1—14 所示。

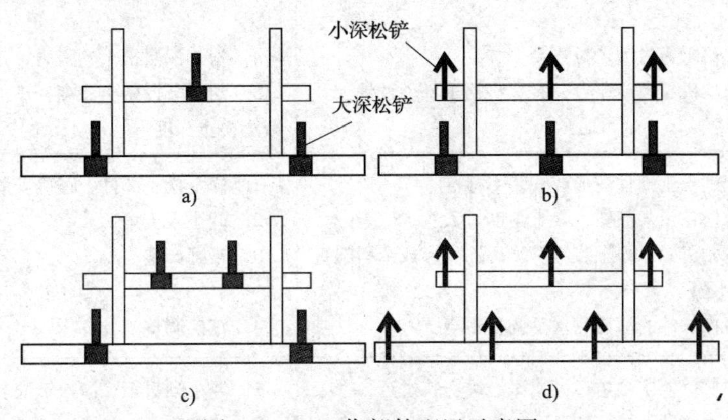


图 1—14 工作部件配置示意图

a)、b）超深松 c）分层深松 d）全面深松

### 2．深松机的调整

（1）**耕深调整**

深松深度通过上下串动地轮柄的位置来实现。地轮柄上有 3 个孔，每孔之间距离 5 cm，因此改变一孔，耕深变化 5 cm。深松铲深度调整，同样改变铲柄在柄裤内的位置来实现。全面深松时，因全部工作部件为深松铲，耕深调整可利用地轮和铲柄位置综合调整。

（2）**行距调整**

调整行距时，松开固定螺栓，在横梁上左右移动铲柄裤即可。但调整时要注意左右工作部件的安装位置与机架中心线应对称。

（3）**机架水平调整**

工作时，机架应保持水平，否则可通过改变拖拉机悬挂装置的中央拉杆长度调整。

**注意事项**

1．机组作业或运输时，机具上严禁坐人。

2．深松铲柄向铲柄裤安装时，有一螺栓为安全销，当遇障碍剪断时，应更换。但不能用其他材质物件代替。

3．作业前，应检查螺栓紧固情况，发现有松动应及时拧紧。

4．每年检查一次地轮轴承润滑情况。

5．长期停放时，机具用支柱支撑，清除各部泥土，各螺栓处应常涂机油。

### 3. 常见故障及排除方法

深松机常见故障及排除方法见表1—4。

表1—4 深松机常见故障及排除方法

| 故障现象 | 产生原因 | 排除方法 |
|---|---|---|
| 松深不够 | 1. 松土部件和升降装置状态不良<br>2. 松土装置安装不正确或调节不当<br>3. 土层过于坚硬，松土铲刃口秃钝或挂结杂草，不易入土<br>4. 土壤阻力过大，拉不动<br>5. 拖拉机超负荷作业，有意将松土部件调浅 | 1. 检修松土装置，正确安装深松铲，检查其控制升降的情况，保证深松铲的入土角均不改变<br>2. 正确安装或调节松土装置<br>3. 更换深松铲或修复，清除杂草<br>4. 根据深层松土的阻力，正确编组深松铲个数<br>5. 切实掌握松土深度，不能因拖拉机功率小而减小松土深度 |
| 松深不均 | 1. 个别松土部件变形或安装不标准<br>2. 深松铲铲尖倾斜，入土角度过大<br>3. 深松机架和松土装置升降机构变形或牵引架垂直调整不当<br>4. 深松部件的深浅和水平调整不当 | 1. 修复松土部件、正确安装<br>2. 调小入土角<br>3. 正确调整<br>4. 正确调整 |
| 土层搅乱 | 1. 深松铲入土倾角过大或深松铲安装过近<br>2. 深松铲柄上挂结杂草<br>3. 土壤干涸使上翻土层和下松土层土块过大<br>4. 深松铲堵塞后未及时清理 | 1. 调小倾斜角、深松铲安装正确<br>2. 清理杂草<br>3. 在土壤干涸的地块内，不应采用无壁犁进行深松土作业<br>4. 及时清理 |
| 土隙过大 | 1. 无壁犁体扭曲变形<br>2. 无壁犁体挂结不正，机组斜行<br>3. 无壁犁体挂草或沾土，造成向前、向上和向两侧拥土<br>4. 土壤板结或土壤中水分过少或犁底层过厚<br>5. 机组作业速度过快，使掘松开的土块移动过大 | 1. 修理或更换<br>2. 调整正确<br>3. 清理<br>4. 选择土壤水分适当的时间进行作业<br>5. 减小作业速度 |
| 漏松 | 1. 深松部件安装不正确<br>2. 深松机的水平牵引中心线调整不当，斜行作业<br>3. 驾驶员操作技术水平低，机组左右划垄 | 1. 正确安装<br>2. 调整正确<br>3. 机组作业人员要端正工作态度和提高操作水平 |

### 4. 深松机维护保养

（1）每天作业完毕，清除机具沾草、清理剩余物料，用清水冲洗并晾干后，给深松铲铲面涂防锈油。

（2）检查固定螺母是否松动或磨损，如松动应立即拧紧，易损件磨损时应及时更换。

（3）要定期检查各传动部件的张紧度和各配合部位的间隙是否合适，并应及时调整。

（4）每次作业结束后，有条件的可把机器存放在库房内，存放在室外时，应用塑料布覆盖，防止受潮或雨淋。

（5）一个作业季完成后，按使用说明书要求进行保养，工作部件表面涂黄油，整机在避雨、阴凉、干燥处存放。

## 第五节　圆盘耙的使用与维护

圆盘耙主要用于耕后，播前的碎土、耕平和覆盖肥料。由于圆盘耙工作过程中有搅动和翻转表土的作用，能切断草根和残株，故也可用于收获后的浅耕灭茬作业。

### 一、圆盘耙的类型

圆盘耙按适用的土壤类型和耙深不同，可分为重型、中型和轻型三种。圆盘耙按耙组的排列可分为单列和双列耙。按结构可分为对置式和偏置式：对置式耙组对称地配置在拖拉机中心线后两侧；偏置式圆盘耙的耙组则偏置在拖拉机后的右侧。圆盘耙按挂结方式可分为牵引式、悬挂式和半悬挂式。

随着拖拉机功率加大，耙和其他农机具一样，也向大型发展，并采用折叠翼结构。

### 二、圆盘耙的主要构造

圆盘耙主要由耙架、耙组、牵引或悬挂装置、角度调节装置、加重箱和运输轮等组成，如图 1—15 所示。

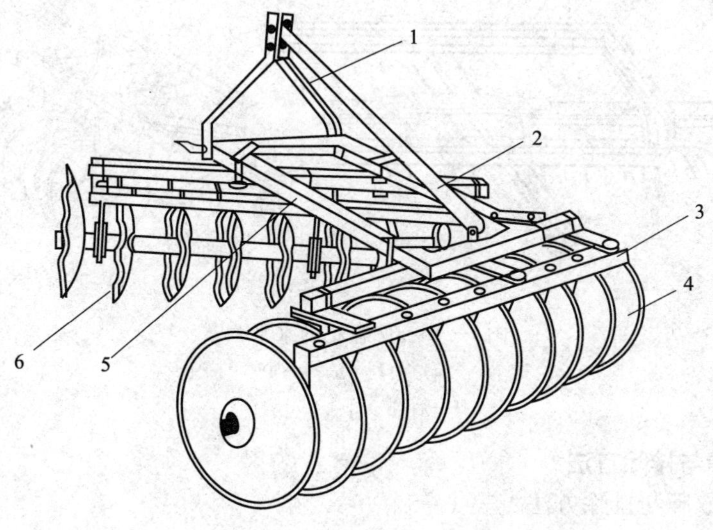


图 1—15　悬挂式圆盘耙

1—悬挂架　2—横梁　3—刮泥装置　4—圆盘耙组　5—耙架　6—缺口耙组

## 三、圆盘耙使用调整

### 1. 技术状态检查

（1）同一耙组耙片刃口着地点应在同一直线上，偏差应小于 5 mm，各圆盘间距相等，偏差应小于 8 mm。

（2）耙片不应变形，刃口厚度不大于 0.5 mm，如果刃口有缺损，缺损处深度应小于 15 mm，长度应小于 15 mm，一个耙片的缺损处应不超过三处。

（3）耙片不得在轴上晃动，方轴应正直。

（4）耙架不应变形或开焊。

（5）各螺纹连接部螺钉要紧固。

### 2. 调整

**（1）深浅调整**

耙的工作深度用改变偏角或加重方法来调整，加重不应超过 400 kg，加重物在前列要放在加重盘中部，后列要放在加重箱两端。

**（2）水平调整**

圆盘耙工作时，耙组因受侧向力矩的影响，两端入土深浅不一致。凹面端较深，凸面端较浅。为了使耙组深度一致，不同类型的圆盘耙，应对照说明书进行调整，对 PY—3.4 型 41 片圆盘耙（见图 1—16），前列耙组凸面端利用卡板和销子与主梁连接，可防止凸面端上翘，深度变浅；后列耙组凹面端用两根吊杆挂在耙架上，可限制凹面端的入土深度，吊杆上有孔，可以根据工作情况，改变吊杆的固定位置，使耙深一致。

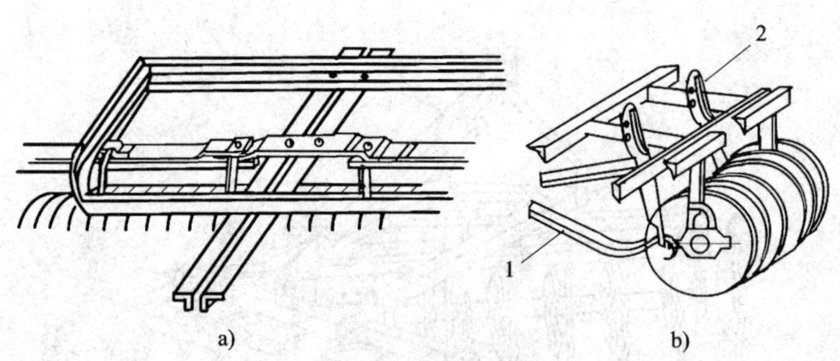


图 1—16　圆盘耙的水平调整

a）前列　b）后列

1—后列拉杆　2—吊杆

### 3. 常见故障与排除方法

圆盘耙常见故障与排除方法见表 1—5。

### 4. 保养、保管

（1）每个班工作后，清除一切杂物，各转动部位加注润滑油或黄油保证其运转灵活。

表1—5 圆盘耙常见故障与排除方法

| 故障现象 | 故障原因 | 排除方法 |
| --- | --- | --- |
| 耙片不入土 | 1. 偏角太小<br>2. 附加质量不足<br>3. 耙片磨损<br>4. 耙片间堵塞<br>5. 速度太快 | 1. 增加耙组偏角<br>2. 增加附加质量<br>3. 重新磨刃或更换耙片<br>4. 清除堵塞物<br>5. 减速作业 |
| 耙片堵塞 | 1. 土壤过于黏重或太湿<br>2. 杂草残茬太多，刮土板不起作用<br>3. 偏角过大<br>4. 速度太慢 | 1. 选择土壤湿度适宜时作业<br>2. 正确调整刮土板位置和间隙<br>3. 调小耙组偏角<br>4. 加快速度作业 |
| 耙后地表不平 | 1. 前后耙组偏角不一致<br>2. 附加质量差别较大<br>3. 耙架纵向不平<br>4. 牵引式偏置耙作业时耙组偏转，使前后耙组偏角不一致<br>5. 个别耙组堵塞或不转动 | 1. 调整偏角<br>2. 调整附加质量使其一致<br>3. 调整牵引点高低位置<br>4. 调整纵拉杆在横拉杆上的位置<br>5. 清除堵塞物，使其转动 |
| 阻力过大 | 1. 土壤过于黏湿<br>2. 偏角过大<br>3. 附加质量过大<br>4. 刃口磨损严重 | 1. 选择土壤水分适宜时作业<br>2. 调小耙组偏角<br>3. 减轻附加质量<br>4. 重新磨刃或更换耙片 |
| 耙片脱落 | 方轴螺母松脱 | 重新拧紧或换修 |

(2) 检查刮泥刀与耙片间隙，看是否有摩擦现象。

(3) 季度作业完成后，应对各部分检查保养。更换轴承内的黄油，对各润滑部件加注润滑油，耙片上涂机油，以防锈蚀。

(4) 圆盘耙长期停放时，应用木板将耙组垫起。

## 复习思考题

1. 简述悬挂犁的结构。
2. 悬挂犁使用时应注意哪些事项?
3. 试分析悬挂犁耕后地表不平的故障原因及排除方法。
4. 简述旋耕机的结构。
5. 简述旋耕机刀片的安装方法。
6. 旋耕机作业前应进行的主要调整有哪些?

7. 试分析旋耕机刀轴不转动的故障原因及排除方法。
8. 简述圆盘耙的结构。
9. 圆盘耙田间作业时的主要调整内容是什么?
10. 简述耙地作业耙深不够的原因及排除方法。
11. 简述深松机的结构。
12. 简述深松机作业时将土层搅乱的原因及解决方法。

# 第二章　播种与栽植机械使用与维护

**学习目标：**

◆ 应了解常见的播种机械的结构及工作过程

◆ 应了解常见的水稻插秧机的结构及工作过程

◆ 会正确使用、维护常见的播种机械

◆ 能正确使用、维护常见的水稻插秧机

农作物生长季节性很强，必须按照农业技术要求适时播种，才能保证苗全苗壮，生长良好，为增产增收建立可靠的基础。机械播种较人工手播均匀准确、深浅一致，而且效率高，进度快，因而是农田作业机械化的重要环节。

播种方式应根据作物品种和当地农业技术要求而定，并随农业生产的发展而发展。播种方式常用的有：撒播、条播、穴播（点播）、精密播种、铺膜播种和免耕播种六种。

播种机械应满足下述农业技术要求：

（1）播量符合要求且准确，排种（排肥）均匀稳定，穴距及每穴粒数均匀。

（2）播深符合要求且均匀一致，种子应播在湿土上，用湿土覆盖，无露籽现象，覆土均匀，干旱地区播后应同时镇压，以利保墒。

（3）播行直，行距一致，地头整齐，不重不漏。

（4）尽量采用联合作业。

播种机的种类很多，一般可按下列方法进行分类：

（1）按播种方式分为撒播机、条播机、穴播机和精密播种机。

（2）按适应作物分为谷物播种机、中耕作物播种机及其他作物播种机。

（3）按联合作业分为施肥播种机、播种中耕通用机、旋耕播种机、旋耕铺膜播种机。

（4）按动力联接方式分为牵引式、悬挂式和半悬挂式三种。

（5）按排种原理分为机械式、气力式和离心式播种机。

## 第一节　谷物条播机的使用与维护

### 一、谷物条播机的结构及工作过程

我国生产的谷物条播机，均为能同时进行播种和施肥的机型，能一次完成开沟、排种、排肥、覆土等作业要求，故其一般构造主要由机架、种肥箱、排种器、排肥器、输种管、输肥管、开沟器、覆土器、行走轮、传动装置、牵引或悬挂装置、起落机构和深浅调节机构等组成，如图 2—1 所示。

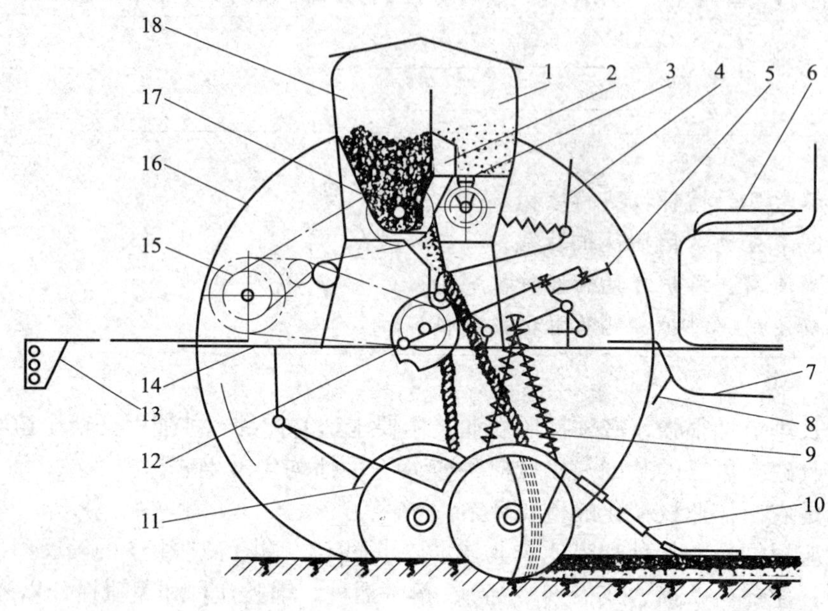


图 2—1　2BF—24A 型施肥播种机

1—肥料箱　2—排肥量调节活门　3—排肥器　4—升降手柄　5—播深调节机构　6—座位　7—脚踏板　8—刮泥刀　9—输种（肥）管　10—覆土器　11—开沟器　12—开沟器升降机构　13—牵引装置　14—机架　15—传动装置　16—行走轮　17—排种器　18—种子箱

工作时，拖拉机牵引播种机行进，地轮通过传动机构驱动装在种子箱下的外槽轮排种器将种子排下，经输种管落入双圆盘开沟器所开出的沟中，与此同时，机器前部肥料箱下的排肥器将化肥排下，经输肥管也落入开沟器内，被开沟器分开的土在开沟器过后流入种沟覆盖种子，覆土器随后将地面拖平。

## 二、谷物条播机的使用维护

### 1. 播种作业前的准备

**（1）田间准备**

1）消除影响作业的障碍物。

2）将地块整到要求的播种状态。

3）区划田间并决定机组行走路线。

**（2）播种机准备**

1）按播种机装配及技术要求，进行技术状态检查。

2）根据农业技术要求行距，确定开沟器数目，并安装。

开沟器数目的计算公式如下：

$$N = (L - b)/a + 1$$

式中 $N$——开沟器数目，只取整数部分；

$L$——开沟器梁长，mm；

$b$——开沟器拉杆宽度，mm；

$a$——行距，mm。

开沟器的安装：找出播种机中心线，并以此为基准，按要求行距左右对称安装开沟器。开沟器数目为单数时，中心线处装一个；开沟器数目为偶数时，中心线两侧各半个行距处装一个。安装后，检查行距是否正确。

**（3）谷物条播机的播量试验与调整**

将播种机架起，使轮子离开地面，调平机架，将输种管从开沟器体中抽出；下排式、外槽式排种器应检查各排种器排种舌位置是否一致；选好适宜的传动比和槽轮工作长度；装种后转地轮，使排种器充满种子，装上接种袋。

各行排量一致性检查。用手均匀转动地轮若干圈，停止后将各排种器排入接种袋的种子分别称重，计算出平均值。比较各排种器排量与平均值的偏差，一般不超过2%，若超过要求，应对单个槽轮工作长度进行调整。再试，直至符合要求。

播种量检查调整。用手均匀转动地轮 N 圈，停止后，称量所排出的种子总量。和按农业技术要求亩播量算得的排种量比较，其误差不超过2%，若超过要求，用播量调节杆调整槽轮工作长度，再试，直至符合要求。

排种量 $G$ 可按下式计算：

$$G = 1.5\pi DB(1+\sigma)NQ$$

式中 $G$——整机排种量，g；

$D$——地轮直径，m；

$B$——工作幅宽，m；

$\sigma$——地轮滑移率，0.05~0.1；

$N$——地轮转动圈数；

$Q$——亩播量，kg/亩。

田间试验校正。播种机的播量经上述试验调整后，在下地播种时，须经田间复查及校正，以求播量准确无误。

在种箱内先装入部分种子，并将表面刮平，在内箱壁划出记号，然后计算出播种机在田间走一定距离应播出的种子量。

$$q = QBL/666.7$$

式中 $Q$——亩播量，kg/亩；

$B$——工作幅宽，m；

$L$——播种机选定的试验长度，m。

试验时，将 $q$ kg 种子装入种箱，进行播种，当走完 $L$ 距离后停止，将种箱内剩余种子刮平，观察种子表面与原划记号。二者相符，表明播量正确，若种子表面高出记号，说明播量不足；反之则说明播量过多，用播量调节手柄调整后再试，直至正确为止。

**（4）划印器臂长的调整**

划印器臂长与播种机行走方法、联结台数及驾驶员对印目标有关，采用梭式播法时，划印器臂长可用下式计算（见图2—2）：

$$L_{右} = (n+1)B - C/2$$
$$L_{左} = (n+1)B - C/2$$

式中 $L_{右}$——右划印器至播种机中心线距离，mm；

$L_{左}$——左划印器至播种机中心线距离，mm；

$n$——播种机台数；

$B$——播种机的工作幅宽，mm；

$C$——对印目标距拖拉机中心距的2倍。

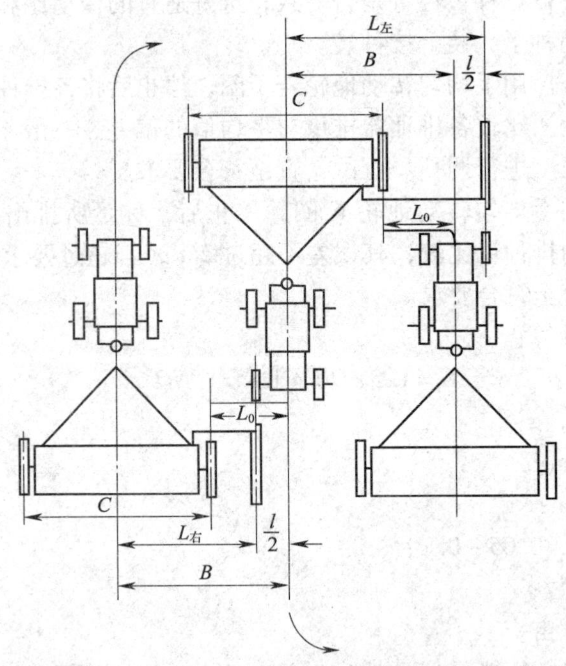


图2—2　划印器臂长计算

实践中，也可不需计算而用绳子测定划印器臂长，如图2—3所示，首先确定对印目标，并以此为标志，平行于前进方向划一延长线与播种机主梁在地面上投影线相交于A点，再找出播种机最外侧开沟器向外半个行距处$D_{左}$、$D_{右}$。然后取绳，分别以$D_{左}$、$D_{右}$为圆心，以$D_{左}A$、$D_{右}A$为半径画半圆与投影线交于$C_{左}$、$C_{右}$点，则$C_{左}$、$C_{右}$点即为所求左、右划印器圆盘的划线位置。

**（5）播种机机组人员准备**

播种机组应配备驾驶员和数量足够的播种机手，机组人员应熟知机具的性能，掌握使用技术和作业中的安全规则。

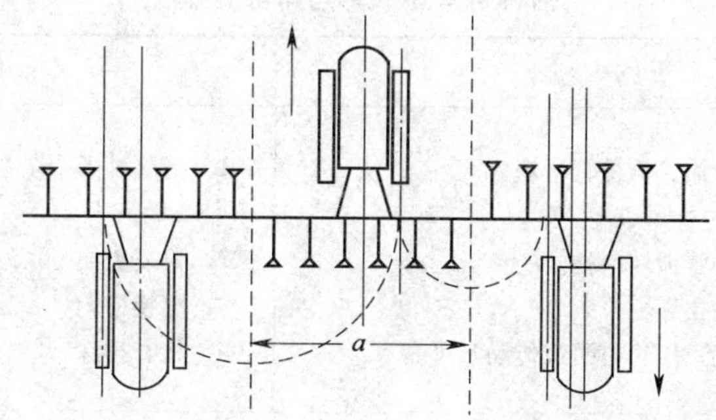


图 2—3 用绳子测定划印器臂长

### 2. 播种机组的试播及作业

#### （1）试播

机组进地后，应在工作状态下进行试播，通过试播检查下列事项，待一切符合要求后，才可进行正常作业。

1）机具工作是否平直，有无偏斜、摆动等现象。

2）划印器调整是否正确，邻接行行距应符合行距要求。

3）开沟、覆土是否良好，播种深度是否符合要求。

4）传动与起落机构工作是否正常。

5）排种、排肥工作是否正常。

#### （2）作业

机组作业中，应正确操作，保证安全作业。

1）机组作业速度，在不影响播种质量前提下，可适当提高，但一般不超过 3 速。作业中机组保持恒速，中途不宜停车。

2）工作中经常注意消除排种器、输种管、种箱内夹杂物及开沟器、覆土器上挂杂物，随时注意播种量、行距、播深、覆土情况是否良好，出现问题及时检查调整。

3）加种（肥）人员做好充分准备，机具一停，立即快速加种。

4）机组工作时，应走得直。地头转弯时，应注意起落线，及时、准确、整齐地起落保证地头整齐。

**安全警告！**

1. 作业时机具不许倒退或急转弯，以免损坏机具，若必须倒退需升起开沟器。
2. 作业时，严禁进行调整、修理和润滑工作。
3. 工作部件和传动部件沾土或缠草时，必须停车清理。加种、加肥也需停机。
4. 严格遵守规定的联系信号开车、停车。
5. 机组运输时，播种机脚踏板上禁止站人。

### 3. 常见故障与排除方法

播种机常见故障与排除方法见表 2—1。

表 2—1 播种机常见故障与排除方法

| 故障名称 | 产生原因 | 排除方法 |
| --- | --- | --- |
| 漏播 | 1. 排种器、输种管堵塞<br>2. 输种管损坏漏种<br>3. 槽轮损坏<br>4. 地轮镇压轮打滑或传动不可靠 | 1. 清除种子中杂物，清除输种管管口黄油或泥土<br>2. 修复更换<br>3. 更换槽轮<br>4. 检查排除 |
| 不排种 | 1. 链条断<br>2. 弹簧压力不足，离合器不结合<br>3. 轴头连接处轴销丢失或剪断 | 1. 检查各处有无阻卡<br>2. 更换损坏零件<br>3. 更换损坏零件 |
| 不排肥 | 1. 大锥齿轮上开口销剪断<br>2. 肥箱内肥料架空<br>3. 进肥或排肥口堵塞 | 检查排除 |
| 开沟器堵塞拖堆 | 1. 圆盘转动不灵活<br>2. 圆盘晃动、张口<br>3. 导种板与圆盘间隙过小<br>4. 土质黏<br>5. 润滑不良<br>6. 工作中后退 | 1. 增加内外锥体间垫片<br>2. 减少内外锥体间垫片，锁紧螺母调整<br>3. 清除泥土，注油润滑<br>4. 清除泥土<br>5. 注油润滑<br>6. 清除泥土 |
| 开沟器升不起来或升起后又落下 | 1. 滚轮磨损严重<br>2. 卡铁弹簧过松<br>3. 双口轮与轴连接键丢失<br>4. 月牙卡铁回转不灵 | 更换缺损零件 |

## 4. 播种机的保养与保管

### （1）保养

播种机的保养，应按机器使用说明书中的规定，及时、严格、认真地进行。

1）作业期间按时对各润滑点注油，保证充分润滑，丢失和损坏零件应及时补充更换和修复，经常检查各部固定螺栓紧固情况，松动时要及时紧固。

2）每天工作前进行班次保养，检查排种和排肥部件、开沟器、排种（肥）器、覆土镇压器等是否完整，工作是否合乎要求；检查起落机构、传动机构动作是否灵便、正确；检查各紧固螺栓是否有松动；进行各部润滑。

3）每天工作结束后，应将各部泥土清理干净，尤其是肥箱内残存肥料要清扫干净，以免化肥腐蚀零件。

**（2）保管**

1）彻底清除泥土和尘垢，清除种肥管内种子和肥料。

2）掉漆处重新涂漆。

3）开沟器须分解，用柴油清洗后重新装配并注油。

4）放松弹簧，卸下输种管放室内保管，橡胶输种管卸下后，管内塞一木棒或灌入干沙，避免挤压、折叠变形。

5）润滑各传动部分。卸下链条，清洗后涂油入库保管。

6）播种机应放库房或棚内保管，若在露天存放时，应有遮盖物，存放时，应将机架支撑牢靠，开沟器、覆土器应用木板垫起，不与土地直接接触，橡胶轮应避免长期受压和日晒。

## 第二节　中耕作物播种机的使用与维护

中耕作物播种机机型较多，根据我国旱作少耕和深松、深施肥、精量播种联合作业的农业技术要求，目前中耕作物播种机既可联合作业也可单项作业。联合作业时，垄体深松、分层施肥、培土作床、开沟播种、起垄镇压一次完成；更换部分零部件，还可实现中耕蹚地追肥、深松起垄镇压、垄沟深松追肥、深松起垄施肥镇压等作业。单项作业时可单独完成起垄、蹚地、深松、行间除草等作业。

### 一、中耕作物播种机的结构及工作过程

中耕作物播种机主要由机架、地轮、仿形机构、犁铧部件、深松施肥部件、种肥箱、精播组装、传动和划印器等组成（见图2—4）。

工作时，播种机由液压机构操纵下降，成牵引状态，随拖拉机前行，地轮通过传动机构分别驱动各个单体立式圆盘式排种器排种，种子落入经芯铧式开沟器开出的种沟内，开沟器过后，部分被开沟器分开的土落回盖种，再利用犁铧起垄，镇压轮压实。播种同时，外槽轮式排肥器排肥，经输肥管落入深松施肥部件松动的高低不同位置的土层中。

### 二、中耕作物播种机的使用与调整

**1．安装**

产品出厂时，为了便于运输，本机以组件形式发运，因此在使用时，需按要求进行整机安装。该机根据作业要求，可安装成四种不同作业状态。

**（1）垄体深松、分层施肥、培土作床、开沟播种、起垄镇压联合作业状态**

1）将装配好的机架垫起，垫起高度从梁下平面至地面距离为800 mm。

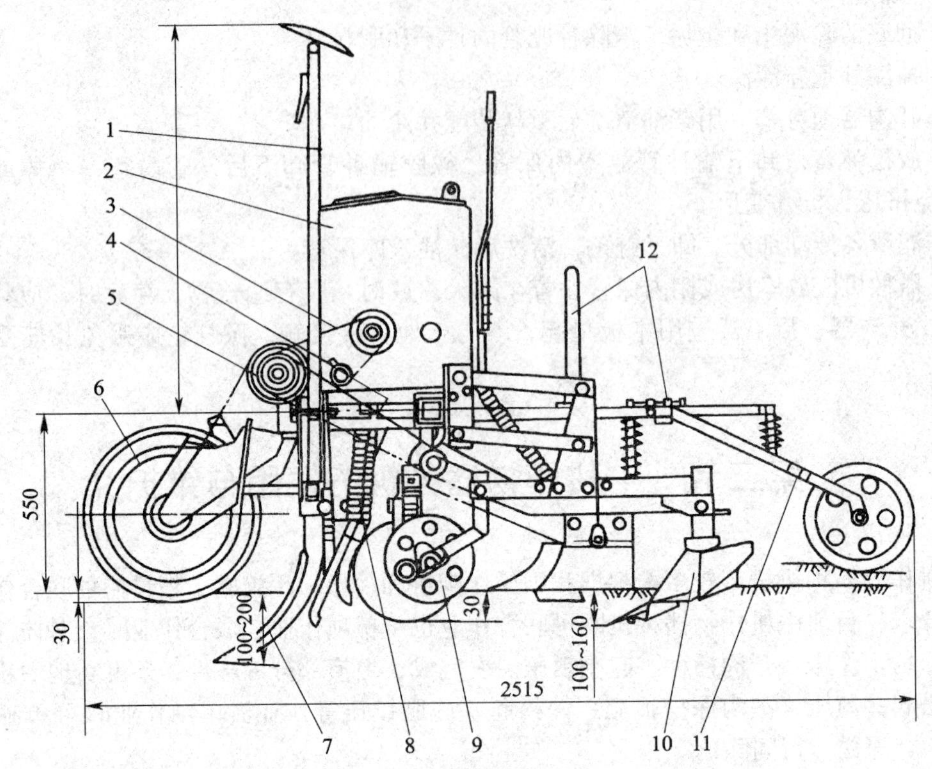


图 2—4　垄耕施肥精播机结构图

1—划印器　2—种肥箱　3—传动链条　4—机架组装　5—中间传动　6—地轮装配　7—深松施肥部件　8—排肥管总成　9—仿形机构　10—犁铧部件　11—精播组装　12—扶手踏板组成

2）以前梁中心为基准，用卡丝将两地轮装在前梁上，两轮间距为四个行距。将六组深松施肥部件，左右对称、等距地（满足行距要求）装在前梁上。将六组精播组装，左右对称同垄距间隔地装在后梁上（注意带变速链轮的两组装在两侧）。将把犁铧装到仿形机构铧柄裤内后的四杆仿形机构组合安装在后梁两组精播部件之间。

3）将左、右种肥箱装到机架上，装时将带链轮一端箱壁朝外，固定在连接槽钢上，左箱右支架，右箱左支架分别固定在悬挂臂固定板上。

4）安装传动机构，将左右中间传动轴装到前梁上，装时注意保证各对传动链轮在同一平面内，然后装上方轴连接套管、链条和托链轮。

5）将划印器梁插入前梁方管内，按计算好的划印器长度位置，用顶丝定位，再连接钢丝绳。

6）将排种、排肥管分别连好。

**（2）深松起垄作业状态**

安装时，除六组深松部件不装导肥管，精播组装卸下排种器、开沟器、覆土圆盘、链盒等；不装种肥箱和传动机构外，其他同联合作业状态。

**（3）起垄、蹚地状态**

此状态，只须安装地轮机构和七组装好犁铧的仿形机构，安装时，以前梁中心为基准，左右对称安装，两地轮间距为四个行距，七组仿形机构，以要求垄距等距地在前梁上装四组，后梁上装三组。

**（4）深松（垄沟）作业状态**

此状态，只需安装地轮机构和七组深松部件，安装时，以前梁中心为基准，左右对称安装，两地轮间距为四个行距；七组不带导肥管的深松部件，以要求垄距等距地在前梁上装四组，后梁上装三组。

四种作业状态安装图如图 2—5 所示。

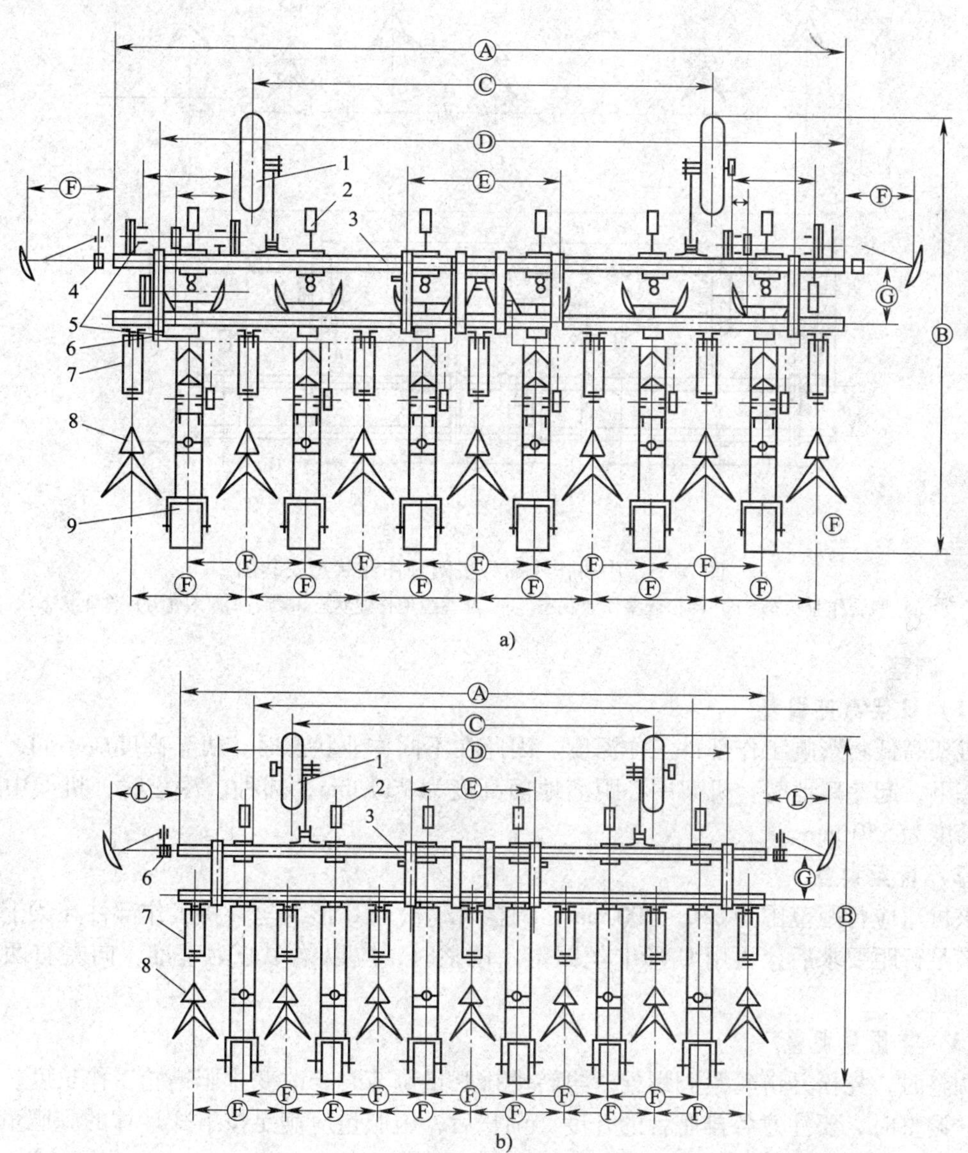

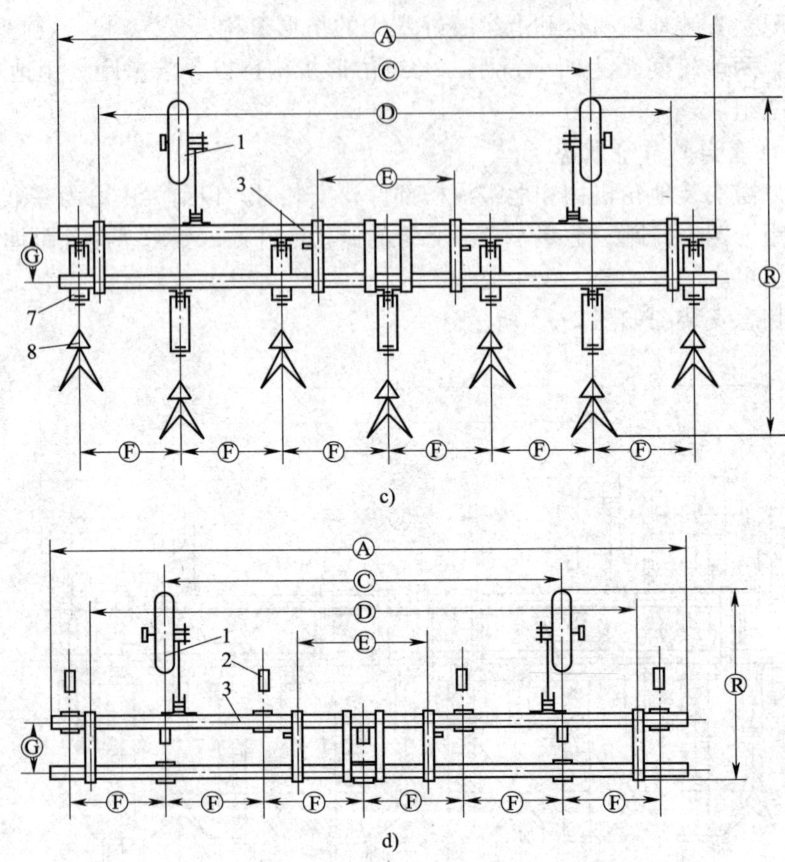


图2—5　中耕作物播种机四种作业状态安装图

a）联合作业状态　b）深松起垄作业状态　c）起垄蹚地作业状态　d）深松（垄沟）作业状态

## 2. 调整

### （1）机架高度调整

机架高低将影响工作部件工作深度。因此在不同作业状态时，机架高度应不同，正常作业状态下，起垄蹚地时，机架中心距离地面高度为730 mm，播种、深松时，机架中心距离地面高度为550 mm。

### （2）行距调整

该机适应行距范围为650 ~700 mm，调整时，松开U形卡丝，将工作部件在梁上左右串动，满足行距要求后，再用U形卡丝固定。调整时，应以梁中心为基准，向左右两边对称逐个调整。

### （3）施肥量调整

调整时，先松开链轮紧固螺栓，再转动排肥量调节套，改变排肥槽轮工作长度，调整排肥量。调整时，要注意各排肥舌的开度，调整后，施肥量应满足按下式计算的施肥量要求。

$$G=66.6\times q\times(1-\sigma)/\pi\times D\times N\times a$$

式中 $G$——亩排量，kg/亩；

$q$——N 圈的单口排量（由试验测定），kg；

$D$——地轮直径，0.55 m；

$N$——地轮转动圈数；

$\sigma$——地轮滑移率，$\sigma=0.1$；

$a$——行距，m。

**（4）深松施肥部件调整**

施肥部位可用改变导肥管固定裤在深松铲柄上的位置调整，其调节范围为 55 mm。深松深度可通过在柄裤内上下串动深松铲调整。

**（5）排种器的调整**

该机排种器出厂时，是按大豆双行播种装配的，若播玉米时需换排种盘，其方法是将端盖卸下，将大豆排种盘连接销拔出卸下，插入玉米排种盘连接孔内即可，此时，排种轴转动时，大豆排种盘不动。调整后，要求排种盘不摆动和不轴向串动。调整排种盘的同时，还应调整排种盘和清种刀之间的间隙，要求是在排种盘转动灵活原则下，间隙越小越好，间隙调整好后，拧紧清种刀固定螺钉。

不同作业状态安装数据见表 2—2。

**表 2—2　　不同作业状态安装数据**

| 作业状态数据代号 | 深松、施肥、起垄、播种 | 深松、起垄、镇压 | 起垄、蹚地 | 深松（垄沟） |
|---|---|---|---|---|
| A | 4 500 | 4 500 | 4 500 | 4 500 |
| B | 2 515 | 2 515 | 2 183 | 1 159 |
| C | 2 800 | 2 800 | 2 800 | 2 800 |
| D | 3 868 | 3 868 | 3 868 | 3 868 |
| E | 1 120 | 1 120 | 1 120 | 1 120 |
| F | 700 | 700 | 700 | 700 |
| G | 350 | 350 | 350 | 350 |
| H | 550 | 550 | 730 | 550 |
| I | 2 667 | 2 667 | | |
| L | 1 233 | 1 233 | | |
| K | 117 | | | |
| M | 529 | | | |
| N | 323 | | | |
| Kg | 1 250 | 990 | 525 | 420 |

**（6）播种量调整**

播种量调整是根据不同作物的不同亩保苗株数和株距要求，通过更换不同的变速链轮组合，改变传动比而实现的，该机采用不同的变速链轮组合，可获 13 种传动比。见表 2—3。

表 2—3　　传动比及播量表

| 序号 | $z_1$ | $z_2$ | $z_3$ | $z_4$ | $i$ | 大豆 30 孔 | | 玉米 10 孔 | |
|---|---|---|---|---|---|---|---|---|---|
| | | | | | | 播量（万株/hm²） | 粒距（cm） | 播量（万株/hm²） | 粒距（cm） |
| 1 | 15 | 19 | 29 | 14 | 0. 61 | 74 | 3. 86 | 12. 3 | 11. 6 |
| 2 | 15 | 19 | 24 | 14 | 0. 74 | 60. 9 | 4. 6 | 10. 2 | 14 |
| 3 | 15 | 19 | 29 | 19 | 0. 83 | 54. 3 | 5. 62 | 9 | 15. 8 |
| 4 | 15 | 19 | 19 | 14 | 0. 93 | 48. 5 | 5. 89 | 8. 1 | 17. 7 |
| 5 | 15 | 19 | 24 | 19 | 1 | 45. 4 | 6. 3 | 7. 6 | 18. 9 |
| 6 | 15 | 19 | 29 | 24 | 1. 05 | 43．3 | 6. 6 | 7. 2 | 19. 9 |
| 7 | 15 | 19 | 24. 19 | 24. 19 | 1. 27 | 35. 7 | 8 | 5. 9 | 24. 1 |
| 8 | 15 | 19 | 24 | 29 | 1. 53 | 29. 7 | 9. 6 | 4. 9 | 29 |
| 9 | 15 | 19 | 19 | 24 | 1. 60 | 28. 6 | 10 | 4. 7 | 30. 2 |
| 10 | 15 | 19 | 14 | 19 | 1. 72 | 26. 5 | 10. 8 | 4. 4 | 32. 6 |
| 11 | 15 | 19 | 19 | 29 | 1. 93 | 23. 4 | 12. 2 | 3. 9 | 36. 6 |
| 12 | 15 | 19 | 14 | 24 | 2. 17 | 20. 9 | 13. 7 | 3. 5 | 41. 2 |
| 13 | 15 | 19 | 14 | 29 | 2. 62 | 17. 3 | 16. 5 | 2. 9 | 49. 7 |

$$i = n \times s/\pi D \times (1+\sigma)$$

式中　$i$——传动比；

$D$——地轮直径，$D=55$ cm；

$n$——排种盘型孔数，大豆盘 $n=30$，玉米盘 $n=10$；

$s$——粒距，$s=(10\,000 \times 100)/(N \times a)$，cm；

$\sigma$——地轮滑移率，$\sigma=10\%$；

$N$——亩保苗株数；

$a$——行距，m。

$$i = z_2 z_4 / z_1 z_3$$

式中　$z_1=15$　$z_2=19$　$z_3 \cdot z_4 = 14 \cdot 19 \cdot 24 \cdot 29$

**（7）开沟深度调整**

开沟深度可通过调整开沟器挺杆在顺梁上的安装位置和调整挺杆弹簧的压力来调整。

**（8）培土量调整**

该机培土器柄上有等距的三个孔，当插入柄裤于不同孔位固定时，培土深浅不同，当固定在上孔位时，培土器下串，培土深；当固定在下孔位时，则培土浅，同时，覆土圆盘在培土器梁上还可横向串动，以适应不同垄形，对培土量也有影响，培土调节范围为5 cm。

**（9）镇压强度调整**

镇压轮挺杆上有等距的孔，当销钉插入不同孔位时，弹簧压力得以改变，改变了镇压强度。

**（10）耕深调整**

犁铧的入土深度，可通过上下串动仿形轮轮柄或铧柄在柄裤内的上下位置来调整，仿形轮柄上移或铧柄下移，入土深度变深；反之则变浅，调整后紧固螺钉，并拧紧锁紧螺母。

**（11）链条松紧度调整**

精播传动链条松紧度，可通过改变排种器在排种器拉杆上水平长孔中的前后位置来调整，调整后将限位螺栓拧紧。

**（12）与拖拉机挂结后调整**

机架左右水平调整，可通过改变拖拉机悬挂机构左右提升杆长度来调整；机架前后水平调整，调整时，将机具下降到工作位置，调整悬挂机构中央拉杆长度，将机架调到前后水平。

### 3. 常见故障与排除方法

中耕作物播种机的常见故障与排除方法见表2—4。

**表2—4　中耕作物播种机常见故障及排除方法**

| 故障现象 | 故障原因 | 排除方法 |
|---|---|---|
| 垄沟座土少 | 1. 铧犁耕深不够<br>2. 分土板开度过大 | 1. 增加耕深<br>2. 减少分土板开度 |
| 整机稳定性差或不易入土 | 1. 机架与地面不平行<br>2. 机组中心与拖拉机中心不在一条直线上 | 1. 将机架调平<br>2. 调整下拉杆张紧链长度 |
| 蹚地压苗 | 1. 行距不准<br>2. 播种机耕幅与蹚地耕幅不对应<br>3. 犁铧耕深过深<br>4. 分土板开度过大<br>5. 作业速度过快 | 1. 检查并调整行距<br>2. 调整耕幅<br>3. 减少耕深<br>4. 减小分土板开度<br>5. 降低作业速度 |
| 地轮、仿形轮不转 | 1. 土壤水分过大，泥草堵塞<br>2. 轴承缺油 | 1. 清除泥草适时作业<br>2. 注油润滑 |

续表

| 故障现象 | 故障原因 | 排除方法 |
| --- | --- | --- |
| 不排种或不排肥 | 1. 半幅不排种、不排肥<br>(1) 传动机构卡阻或销子剪断<br>(2) 地轮打滑<br>(3) 脱链或断链<br>2. 个别行不排种不排肥<br>(1) 排种盒有杂物堵塞<br>(2) 有架空现象<br>(3) 开口销剪断<br>(4) 输肥管和开沟器被堵<br>3. 周期性漏播 | 1.<br>(1) 排除卡阻或换销子<br>(2) 检查地轮<br>(3) 检查传动安装是否正确并调整<br>2.<br>(1) 清理杂物<br>(2) 清除架空<br>(3) 更换<br>(4) 清除杂物<br>3. 清除 |
| 碎种 | 清种刀与排种盘间隙小，排种盘孔堵塞 | 调整间隙 |
| 排肥量不均匀或过大、过小 | 1. 排肥槽轮长度不一致<br>2. 排肥舌不起作用或调整不一致 | 调槽轮工作长度<br>调整排肥舌 |
| 开沟器不入土，上下跳动 | 弹簧压力不够或失效 | 调整弹簧压力或更换弹簧 |

# 第三节　水稻栽植机械的使用与维护

## 一、概述

### 1. 水稻种植方式

水稻的种植方式有直播和移栽两种。

直播是将稻种直接播种于田间，工艺简单，易于机械化，可用机械进行撒播或条播，尤其是用飞机撒播，效率更高。但直播受自然条件的影响较大，且在田间的生长期长，只适于在单季节生产地区采用。

移栽是我国传统的水稻种植方法，种植过程分育苗和播秧（抛秧）两段进行。提前育秧，缩短在田间的生长时间，可提高复种指数或解决无霜期短的矛盾，且产量高，但移栽的用工量大，劳动条件差，实现机械化较困难。

水稻移栽的机械化目前有两种方式：一种是大田育秧、拔秧，然后再用插秧机插秧；另一种方式是室内育秧（工厂化育秧），然后将育出的盘式秧苗，装入插秧机栽插在田间。

### 2. 插秧的技术要求

（1）株行距符合当地要求，株距应可调节。

（2）每穴有一定的株数，并能在一定范围内调节。

（3）插秧深度适宜，并能在一定范围内调节。

（4）插直、插稳、均匀一致，漏、漂秧率低于20%，勾、伤秧率低于15%。

（5）机插要求秧田应泥烂田平，耕深适当，软硬适宜。宜用比较整齐的适龄壮秧。

### 3. 水稻插秧机的分类

（1）按动力分为人力插秧机、机动插秧机。

（2）按用途分为大苗插秧机、小苗插秧机、大小苗两用机。

（3）按分插原理分为横分往复直插式、纵分直插式（往复直插式、滚动直插式）。

## 二、水稻插秧机的构造

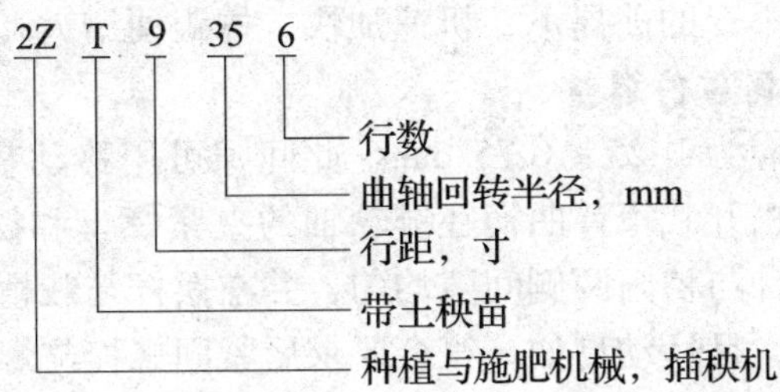


2ZT型插秧机工作部分，主要由万向节轴、工作传动箱、秧箱、移箱机构、送秧机构和分插机构等组成，如图2—6所示。

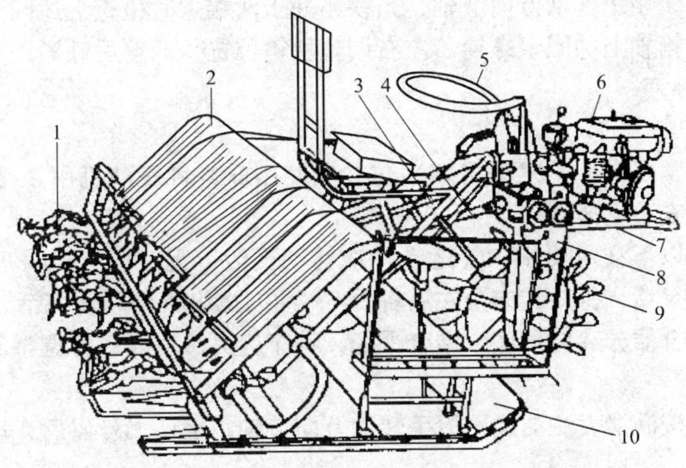


图2—6　2ZT—9356型机动水稻插秧机外形图

1—分插机构　2—秧箱　3—牵引架　4—万向节轴　5—操向盘　6—发动机
7—动力架　8—行走传动箱　9—行走轮　10—秧船

## 三、水稻插秧机的使用调整

### 1. 调整

**（1）取秧量调整**

取秧量的大小，决定于分离针伸进秧门的深度。可通过改变摆杆上端点在链箱后盖上的固定位置来调整。调整时，将分离针旋转到秧门上方，松开摆杆在长槽中的固定螺母，拧动调节手轮，用一个取秧量标准块检查和校正分离针进入秧门深度，并使各行一致，调整后紧固固定螺母。

**（2） 插秧深度调整**

插秧深度可通过调节螺杆，改变栽植部分（链箱）与秧船的相对高度进行调整。链箱上抬，插深变小；反之插深增大。一般是在插牢的前提下，以浅插为宜。

**（3） 株距调整**

插秧株距由农业技术要求决定，而插秧机插秧时的株距的大小决定于插秧机的前进速度。在栽植臂的插秧频率不变的前提下，机速加快，株距便增大；反之株距减小。

**（4） 分离针与秧门侧间隙的调整**

分离针与秧门侧间隙应为1.25～1.75 mm。此间隙可用移动栽植臂固定在曲柄上的左、右位置来调整。调整时，松开栽植臂曲柄在链轮轴的夹紧螺母和摆杆与栽植臂的固定螺母，左右移动栽植臂，使分离针与秧门两侧间隙均匀，并在摆杆与栽植臂连接处增减插垫，使栽植臂与机器前进方向平行，且运动自如，符合要求后紧固螺栓与螺母。调整时注意取秧量的变化，需用取秧量标准块校正。

**（5） 分离针与秧箱侧壁间隙的调整**

分离针与秧箱侧壁间隙应为1.0～1.5 mm。此间隙可用改变驱动臂在移箱轴上的固定位置来调整。调整时，用手拧动万向节轴，当秧箱处于两端点时检查上述间隙，若不符合要求可松开驱动臂在移箱轴上的固定螺栓，左右调整秧箱位置，调整后锁紧固定螺栓。

2．使用注意事项

**（1） 安装及检查**

插秧机一般以整机出厂，发动机单独包装。使用前，将发动机用4个螺栓固定在机架上，装上皮带，即安装完毕。

安装后应满足以下技术要求：各运动件应转动灵活，无碰撞、卡滞现象，紧固件应拧紧，操向手柄转动灵活，机头转向角左右各60°；油门操纵机构轻便灵活，能准确控制发动机低速和高速；离合器分离应彻底，结合平稳，刹车应灵敏可靠；各调整部位调整正确。

**（2） 试运转**

安装检查后，按润滑表注油。用扳手转动万向节轴，确认无障碍后，启动发动机进行试运转。

试运转时，插秧工作部分空运转10 min；配合株距及运输速度试运转半小时；用中油门插秧作业30～40亩进行新机磨合；更换机油；投入正式作业。

**（3） 操作**

操作插秧机时，变挡不允许猛推硬挂，挂挡后应平稳结合离合器，防止损坏零件；插秧机转弯时不允许插秧，栽植臂应停在离地面一定高度（15 cm）的位置上，为此应先将定位离合器手柄放在“离”的位置，然后再换主变速手柄，以达到定位分离；装秧手工作时动作要从容，加装秧苗时，应让秧苗自由滑下，不要用手推压，防止秧片变形。加秧接头要对齐，不要留空隙，秧片要紧贴秧箱，不要在秧门处拱起；作业中不要靠压秧箱，严禁用手触碰秧叉；工作中，船板挂链应处于放松状态，机重由秧船支撑，严禁船板在高吊状态下作业；插秧机发生故障时，应及时停机检查和排除，不要在工作和运输中排除故障或清理堵塞物；陷车时不许抬工作传动部分，要抬船板，必要时，可在地轮前加一木杠，使插秧机头自行爬出。插秧机作业一般采用梭形作业法，田边留一个工作幅的宽度，以便最后绕田一周。

**安全警告!**

1. 在插秧机作业前，机手应对插秧机进行全面的检查和维护保养，使之保持良好的技术状况，投入插秧作业。

2. 启动发动机前，要把主离合器和插秧离合器手柄放在分离位置上，在拉动启动手柄时，要注意防止发生身体碰伤的事故。

3. 在调整取秧量时，必须在停机的情况下进行；调整清理秧门，分离秧针上的杂物泥土时，必须切断主离合器。

4. 插秧作业时，机手不得用脚去清理行走地轮、行走传动箱间的杂物与泥土。

5. 机手在装秧苗时，手要远离秧门，防止被分离秧针刺伤。

6. 插秧机作业转移通过田埂、水沟时，要低速缓慢通过，如通过高田埂时，应挖低填平后，确认安全后缓慢通过。

### 3. 常见故障与排除方法

水稻插秧机常见故障与排除方法见表2—5：

**表2—5　　水稻插秧机常见故障与排除方法**

| 故障现象 | 故障原因 | 排除方法 |
| --- | --- | --- |
| 不能传动工作 | 万向节销轴折断 | 更换销轴 |
| 栽植臂不工作 | 1. 秧门有异物<br>2. 链条活节脱落<br>3. 安全离合器弹簧力太弱 | 1. 排除异物<br>2. 重新装好<br>3. 加垫调整或更换 |
| 栽植臂体内进泥土 | 油封损坏 | 更换 |
| 栽植臂体内有敲击声 | 缓冲胶垫损坏或漏装 | 更换或补装胶垫 |
| 推秧器不推秧或推秧缓慢 | 1. 推秧杆弯曲<br>2. 推秧弹簧弱或损坏<br>3. 推秧拨叉生锈<br>4. 栽植臂体内缺油<br>5. 秧叉变形<br>6. 推秧器与秧叉间隙不当 | 1. 校正<br>2. 更换<br>3. 保养<br>4. 注油<br>5. 校正<br>6. 校正 |
| 秧箱横移有响声 | 导轨和滚轮缺油或磨损 | 注油或换件 |
| 纵向送秧失灵 | 1. 棘轮齿磨损<br>2. 棘爪变形或损坏<br>3. 送秧弹簧弱或损坏<br>4. 送秧凸轮与送秧轴连接销脱落 | 1. 更换<br>2. 更换<br>3. 更换<br>4. 装销 |
| 秧箱两边有剩秧 | 1. 秧箱驱动臂夹子松动<br>2. 滑套、螺旋轴、指销磨损 | 1. 紧固<br>2. 更换 |

#### 4. 维护保养

水稻插秧机在日常工作中要及时维护和保养，做得好，不但可以提高作业效率，还可以减少故障的发生及延长水稻插秧机的使用寿命。按下面介绍的方法对插秧机进行正确的日常保养和入库维修保养。

**(1) 日常保养**

1）更换发动机机油时，打开前机盖，旋开机油尺，松开放油螺栓，在热机状态下将机油排放干净。排放完毕后，上紧放油螺栓，加注新机油，机油加到机油尺上、下刻度线中间位置，每天必须检查发动机机油油量。第一次 20 h 更换，以后每隔 50 h 更换。

2）更换齿轮箱油时，必须运转热机下才能放油。旋开注油塞，松开检油螺栓，松开放油螺栓放出齿轮油。排放干净后，拧紧放油螺栓。把机器放平后，再在注油口处加入干净的齿轮油，直到螺栓口处出油为止。基本为 3.5 L。齿轮油可每个作业期更换一次。

3）驱动链轮箱加油时，把机体前端提高，松开侧浮板支架，取出油封，注入 300 mL 齿轮油，装好油封，正确固定好侧浮板支架（两侧驱动链轮箱加油方法相同）。

4）插植部传动箱加油时，打开三个注油塞，每个注油口加注 1:1 混合的黄油和机油约 0.2 L，每 3 ~5 天加入一次。

5）侧支架和每个插植臂同样也要加入 0.2 L 1:1 混合的黄油和机油。每天加入一次。

6）摇动曲柄销需要注入黄油，四个摇动曲柄销的加油方法一致。

7）新机器凡是有黄色标识的地方就要抹上黄油，尤其注意的是：

导轨滑块处、棘轮处、上导轨处、油压阀臂运转部、主浮板支架连接处、油压仿形及各黄色标识处。

8）每天作业结束后应将插秧机用水清洗干净，以利于第二天作业。

9）每天应该检查是否有螺栓松动或丢掉的，如有应当及时补充，防止影响其他部件的使用。

**(2) 入库维修保养**

如果机器长期不用，除了按照日常保养操作外，还应该进行以下的入库维修保养。

1）发动机在中速运转状态下，用水清洗，可以完全清除污物。清洗后不要立刻停止运转，而要继续转 2 ~3 min（注意以免水进入空气滤清器内）。

2）打开前机盖，关闭燃油滤清器，松开油管放油，排放完毕后安装好油管，松开汽化器的放油螺栓，完全放出汽化器内的汽油，以免汽化器内氧化、生锈和堵塞。

3）为了防止汽缸内壁和气门生锈，打开火花塞，往火化塞孔注入新机油 20 mL 左右后，检查火花塞，如有积炭，用砂纸清除，将电极间隙调整在 0.6 ~0.7 mm 即可，安装好火花塞，将启动器拉动 10 转左右；安装好前机罩。

4）连接主离合器，缓慢地拉动反冲式启动器，并在有压缩感觉的位置停下来。

5）为了延长插植臂内压缩弹簧的寿命，插植叉应放在最下面的位置（压出苗的状态）保管。

6）主离合器手柄和插植离合器手柄为“断开”、油压手柄“下降”、信号灯开关为“停止”状态下保管。

7）清洗干净的插秧机应罩上机罩，并存放在灰尘少、潮气少，无直射阳光的场所，防止风吹雨淋、阳光暴晒。

## 复习思考题

1. 谷物条播机的结构是什么？
2. 简述播种量的田间校正方法。
3. 播种机作业时播量不均匀的原因及排除方法有哪些？
4. 播种机作业时出现漏播的原因及预防措施是什么？
5. 中耕作物播种机作业时出现穴粒数不准的原因及排除方法有哪些？
6. 水稻插秧机的结构是什么？
7. 水稻插秧机插秧深度的要求及调整有哪些？
8. 作业结束后水稻插秧机的维护保养方法是什么？
9. 水稻插秧机每班作业前应检查的主要内容是什么？

# 第三章　田间管理机械的使用与维护

**学习目标：**

- ◆ 应掌握各种田间管理机械的结构及工作过程
- ◆ 能正确使用常见的田间管理机械
- ◆ 能正确维护常见的田间管理机械

农作物在苗期生长过程中，常常遭受到病、虫、草的危害，这不仅影响作物的产量，也使产品质量下降，因而使农作物生产受到很大损失，严重时会遭到绝收。因此及时做好病、虫、草害的防治工作，是保证农业稳定高产的重要措施。田间管理机械包括中耕机、植保机械和灌溉机械等。

## 第一节　中耕机械的使用与维护

中耕目的为消灭杂草，疏松地表，蓄水保墒，提高地温促使有机肥料分解，破除土壤硬结和增加土壤的透气性，为作物生长发育创造良好的条件。

中耕作业要求：

（1）能够满足不同行距的要求，调整方便。

（2）不伤作物根系及幼苗。

（3）杂草出净率高，表土松碎，土壤位移小。

（4）中耕深浅一致，调节方便。

（5）仿型性好，不堵塞，不沾土，不缠草，不漏耕。

### 一、中耕机的构造

主要由机架、地轮、仿形机构、犁铧、深松铲、分层施肥、肥箱、传动、划印器及脚踏板等部分组成（见图3—1）。

图 3—1　中耕机械的结构

## 二、中耕机的使用

使用机器进行农业生产的目的是要达到高效、优质、低耗、促进农业增产增效，这一目的是通过机具的技术状态、使用操作技术、土地条件等来保证的，因此，对机具进行正确的调整和检查，及时地保养和维护，合理的操作和使用是十分重要的。

### 1. 中耕机的调整

#### （1）机架水平调整

机架工作中前后、左右是否水平，将影响机具的入土角度和工作部件的入土深度，因此，在作业时必须注意机架处于水平状态。

1）机架左右水平调整，首先应通过地轮调整螺杆保证机架左右高度一致，其次伸长或缩短悬挂机构左右吊杆来完成。

2）机架前后水平调整通过伸长或缩短悬挂机构的中央拉杆实现，如机架后倾可缩短中央拉杆，机架前倾可伸长中央拉杆，正常情况下中央拉杆长度为 834 mm（东方红—75）。

#### （2）机架高度的调整

在正常情况下，起垄、蹚地作业机架中心距地面高度为 725 mm，深松起垄、深松起垄施肥、垄沟深松作业机架中心距地面高度为 600 mm，可根据伸长或缩短地轮装配上的调节螺杆进行调整。螺杆伸长机架变高，反之则高度降低。

#### （3）行距的调整

行距系指相邻两组工作部件铧尖之间的距离，作业时必须一致。

行距调整的依据，一是根据当地的农业技术要求；二是工作中固定卡丝松动，或工作部件变形导致行距改变而进行的调整；三是在中耕蹚地时为了保证对垄。

调整方法：为了便于调整，可将机具放在平坦场地或将犁升起使铧尖离开地面，然后以中间一组为基准，按着所要求行距左右依次移动调节支臂在机架上的位置，然后将固定卡丝的螺母拧紧，应注意调整行距之后，地轮中心线与对应的工作部件中心线一致。

**(4) 耕深的调整**

耕深的大小对垄沟座土、垄帮浮土及垄形有直接影响，它是评价作业质量的重要标准。因此，在作业中要经常注意耕深的正确调整。

1）犁铧耕深的调节。可通过串动仿形轮柄在仿形轮柄裤的位置调节耕深，注意顶丝头要顶入铧柄窝孔内，以防串动，上串耕深增加，下串耕深变浅。

2）深松深度的调节。如深松部件装在主梁上，可通过调节梁架高度调节耕深，机架高度增加，耕深变浅；反之耕深变深，如深松部件装在铧柄裤上时，可通过深松柄在深松柄裤中的安装位置调节耕深。

**(5) 排肥量和施肥部件调整**

1）松动排肥链轮紧固螺钉，然后转动排肥量调节套，改变槽轮工作长度，达到要求后将螺钉紧固，注意排肥口的开度应一致。

2）施肥部位的调节可上下串动分层导肥管的位置来实现，调节范围在30 mm。

**(6) 分土板开度调整**

调节分土板开度可改变垄形及培土高度，作业时可根据农艺要求和土地条件进行调整，其方法是调节分土板连接板孔位。

**(7) 划印器的调整**

用该机进行平地起垄或搅麦茬作业时，需要安装划印器，并根据行距和链轨压印部位调节划印器的长度，以保证临接行距准确。

1）划印器长度的调节，可将固定卡丝松动，按要求长度串动划印器方管在梁管内的位置，然后将卡丝拧紧。

2）划印器钢丝长度的调节，将起落手柄置于中间位置，钢丝绳与起落转臂联接，再将左右划印器抬到与机架平行位置，最后将钢丝绳另一端与划印器拉环用钢丝绳卡丝紧固。

**安全警告！**

1. 使用机具前要详细阅读说明书。
2. 工作部件要边走边下落入土。工作部件完全出土后方可转弯。
3. 部件沾土过多或缠草时，要停车清理。
4. 发生故障要停车修理。

### 2. 中耕机的检查与保养

**(1) 使用前的检查与保养**

1）该机在投入作业前，必须仔细检查各部件技术状态，如有变形、损坏或零件丢失等情况，应给予修理、更换和补配之后方准投入作业。

2）检查各转动部位的转动是否灵活，如有运动不灵活或卡滞现象应予排除。

3）各润滑点应注油润滑。

4）检查各紧固零件情况，特别应注意悬挂臂、调节支臂、地轮支臂、脚踏板横梁与梁架固定的卡丝螺母必须紧固。

5）按技术要求检查各项调整是否正确。

6）初次使用该机具，必须试耕和进行操作试验，通过试耕，操作人员可进一步掌握操作方法，并验证各项调整是否正确，然后方可进行正常作业。

**（2）作业中检查**

1）工作中应经常注意检查悬挂轴固定螺母是否松动，插销是否脱落，以防脱挂损坏机具。

2）及时检查机具的作业质量，如不符合质量标准时，应及时停车进行调整，特别应注意蹚地作业应与播种作业相对应。

3）随时检查各连结件的连结情况，发现故障及时排除。

4）及时清除犁铧组件、地轮、仿形轮上的泥土和杂草，防止拖堆堵塞。

**（3）作业后的检查与保养**

1）作业时七铧犁用拖拉机摘挂，并清除各部件上的泥土和杂草，把附着在油嘴上的污垢清除干净，然后注入黄油。

2）检查各部件的技术状态，有无变形损坏，发现后应及时修复。

3）按时注油润滑各摩擦部位。

4）长期停放时应清除肥箱积肥，用清水清洗擦干，以防锈蚀。所有链条及肥箱卸下放在库内干燥处保管。

5）工作部件应涂防锈油并垫起。

### 3. 中耕机械常见故障及排除方法

中耕机械常见故障及排除方法见表3—1。

**表3—1　　中耕机械常见故障及排除方法**

| 故障现象 | 故障原因 | 排除方法 |
|---|---|---|
| 接合行不对 | 1. 划印器长度调整不对<br>2. 拖拉机行走不直 | 1. 调整划印器<br>2. 注意直线行驶 |
| 划印器升降不灵 | 1. 钢丝绳太松<br>2. 棘爪、棘轮磨损<br>3. 顶柱偏位 | 1. 调节钢丝绳长度<br>2. 检修或更换棘爪、棘轮<br>3. 重新安装 |
| 划印不清 | 1. 土壤太干<br>2. 圆盘支杆方向安反或角度小 | 1. 加配重<br>2. 重新调整 |
| 垄沟内无座土 | 1. 耕深不够<br>2. 分土板张口角度大 | 1. 加大耕深<br>2. 缩小分土板张口角度 |
| 垄帮内无浮土 | 1. 土壤含水量大<br>2. 铧子过小 | 1. 不适于中耕<br>2. 更换大铧子 |
| 培墒度不够 | 1. 分土板张开宽度过小<br>2. 铧子小<br>3. 车速低 | 1. 调节分土板<br>2. 更换大铧子<br>3. 提高车速 |

续表

| 故　障 | 故障原因 | 排除方法 |
|---|---|---|
| 工作部件入土性能差 | 1. 工作部件磨损<br>2. 机架前后不水平 | 1. 磨刃或更换新铧<br>2. 调整中央拉杆 |
| 各铧耕深不均 | 耕深调节不一致 | 重新调整 |
| 没有刮除垄帮杂草 | 1. 铧子过小<br>2. 刃口不锋利<br>3. 铧子缠草 | 1. 更换大铧子<br>2. 磨刃或换新铧子<br>3. 清除杂草 |
| 压苗、埋苗 | 1. 拖拉机行走不直<br>2. 行距不对<br>3. 护苗板调整不对<br>4. 铧子过大 | 1. 注意直线行驶<br>2. 注意调行<br>3. 重新调整<br>4. 更换铧子 |
| 仿形轮不转 | 1. 含油轴承缺油<br>2. 含油轴承磨屑过多<br>3. 刮泥板与轮缘过近<br>4. 仿形轮缠草 | 1. 注油<br>2. 清除磨屑<br>3. 调节刮泥板的位置，加大间隙<br>4. 清除杂草 |

# 第二节　喷灌机械的使用与维护

## 一、灌溉的方式和灌溉系统的组成

### 1. 农业生产中采用的灌溉方式

农业生产中通常采用的灌溉方式有地面灌、地下灌、喷灌、滴灌等四种。

**（1）地面灌**

将水源的水提到地面以上，再由沟渠引水，进行畦灌、沟灌和漫灌，地面灌在我国沿用已久。该方法简单、投资少，但水消耗量大，不适合我国当前状况。

**（2）渗灌（又称地下灌）**

在田间的地下设置专用管道，借毛细管作用自下而上浸润土层，这种方法较地面灌能节省沟渠用地，但铺设地下管的工程大、投资多，且供水管路易堵。

**（3）喷灌**

将水源的水以一定压力送往田间，然后通过喷头把水喷向空中，呈雨滴状散落于地面浸润土壤。这种方法省水，有利于土壤团粒结构的保持，对地形的适应性强，但投资高，维护要求较高。

**（4） 滴灌**

将水增压后，经过滤再通过低压管送到田间的滴头上，以点滴方式滴入作物根部满足作物对水的需求。该方法省水，利于增产，是一种较好的灌溉方法，但投资高，滴头维护困难。

喷灌和滴灌是近几年发展起来的先进灌溉技术，与地面灌溉比较，它们具有省水、增产等许多优点，是灌溉机械化的发展方向。

### 2. 农田灌溉设备的组成

凡利用各种能源和动力向农田灌水或排水的机械都可称为农田排灌机械，如下：

**（1） 地面灌溉系统**

地面灌溉系统由水源、抽水设备和田间渠道工程组成。抽水设备由水泵动力机组和进、出水管道组成。

**（2） 地下灌溉系统**

地下灌溉系统由水源、抽水设备和地下管道系统组成，抽水设备由水泵动力机组和进水管道组成。

灌溉系统的类型虽然不同，但其灌溉设备都有动力机、水泵和管道，只是管道系统的组成和供水部件（喷头、滴头、供水管）有所区别。

**（3） 喷灌系统**

喷灌系统由水源、喷灌设备和田间工程组成。喷灌设备主要由水泵动力机组、输水管道和喷头组成，有些喷灌系统还有行走、量测、控制等设备。

**（4） 滴灌系统**

滴灌系统由水源和滴灌设备组成。滴灌设备由首部枢纽（加压、施肥、过滤、控制等设备）、管道系统和滴头组成。

## 二、喷灌机械的使用

使用喷灌机时，除参照一般动力机和离心泵的使用保养要求外，还要根据灌溉面积大小、地形、作物品种、不同生长期的需水量等因素，合理选择喷灌机组和喷头，正确安装调整，定期检查保养，保证作业质量，达到省水、增产、改土、节省劳力、增加收入、降低成本的目的。

### 1. 管路系统的布置

布置管路系统时，要综合考虑水源位置、现有水利系统、地形、地势、主要风向、风速、作物布局和耕作方向等因素，在技术和经济上进行比较，得出最优方案或满意方案。

管道布置的一般原则是：

（1）干管应尽量布置在灌区中央。其方向：在坡地应沿主坡方向；在经常有风地区应沿主风方向。埋入土层深度应在 60 cm 以下（冻土层深的地方，埋入深度还应相应增加）。

（2）支管的布置应与干管垂直，尽量与耕作方向一致；在坡地上应沿等高线布置。支管间距，应考虑所选喷头的射程和配置方案。

（3）竖管按喷头的组合形式布置，一般高出地面 1.2～1.5 m，特殊情况（如喷灌的作物过高、风力过大等）可以适当加长或缩短。

（4）泵站布置在整个喷灌系统的中心，最好是接近水源，以减少输水的水头损失。

**2. 喷头配置**

喷头的配置直接影响到喷洒质量。配置时每一个喷头的喷洒面积与邻近喷头的喷洒面积应有一定的重叠量，以防漏喷。

一般采用全圆喷洒。它允许喷头有较大间距，且喷灌强度低。但由于地边角的喷洒需要，风力的影响，水土保持的要求，以及移动机组的行走道路等因素，有时也要求扇形喷洒。

由于喷灌系统多数是定点喷灌，因此存在各喷头之间如何组合的问题。喷头组合的原则在于保证喷洒不留空白，并有较高的均匀度。常用的组合形式有四种（图 3—2）。这四种组合的支管间距 $b$ 和沿支管喷头的间距 $L$ 见表 3—2。从表中可以看出全圆喷洒的正方形和正三角形布置有效控制面积最大，但是在风力影响下，往往不能保证灌水的均匀性。因此，有风时也有采用矩形和等腰三角形的。其间距选择视风力大小和对喷灌的均匀性要求而定。

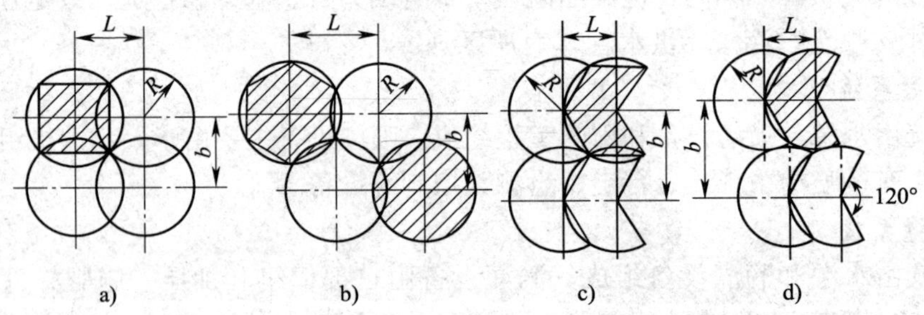


图 3—2　几种常用的喷头配置形式

表 3—2　**4 种组合形式的喷头配置**

| 喷洒方式 | 组合形式 | 支管间距 $b$ | 喷头间隙 $L$ | 有效控制面积 |
|---|---|---|---|---|
| 全圆 | 正方形 | $1.42R$ | $1.42R$ | $2R^2$ |
| | 正三角形 | $1.5R$ | $1.73R$ | $2.6R^2$ |
| 扇形 | 矩形 | $1.73R$ | $R$ | $1.73R^2$ |
| | 三角形 | $1.856R$ | $R$ | $1.856R^2$ |

注：$R$ 为喷头射程。

**3. 喷灌机的调节**

喷灌作业应按作物的生长规律掌握好合理的喷灌时期和喷灌强度，同时还要密切注意风向、气温、水质等自然条件的变化，以提高喷灌效果。

以摇臂式喷枪为例有以下几项调节：

**（1）喷孔大小调节**

喷孔口径的大小，由更换备用喷嘴来调节。喷孔口径改变后，喷枪的喷水量、射程、水滴直径均发生相应变化。因此，喷孔口径的大小，应根据喷枪的工作压力和当地对射程、水滴直径的具体要求而定。

**（2）喷枪旋转速度调节**

喷枪旋转速度的快慢，通过摇臂弹簧的扭紧程度和导流板的上、下位置来调节。摇臂弹簧扭力大、导流板吃水深度大（向下调），摇臂对喷管肋敲击力增大，旋转速度相应地加快。

喷枪喷灌时的旋转速度应适中，旋转速度越快，对射程的影响越大。但是，旋转速度过慢，容易造成局部积水和产生径流，喷枪旋转速度的调节原则是在不产生径流的前提下，以旋转慢一些为好。

**（3）扇面角大小及方位调节**

此调节是改变轴套上套装的两个限位销的位置，两个限位销之间的夹角和方向，决定了喷枪旋转喷灌时的两个极限位置，即决定了扇面喷灌的范围和方向。这个调节应依据地块的需要进行。

**4. 喷灌系统的维护**

（1）在运行期间，要随时检查喷灌系统的各个部分，注意及时维护和保养，每次喷灌完毕后，要将机、泵、喷头擦洗干净，转动部件应及时加油除锈，冬季每次用完要把泵内和管内存水放尽，以防冻裂。

（2）喷灌季节结束或长期不用时，要对喷灌系统进行全面检查，喷头应拆卸分解，检查空心轴、轴套、垫圈等转动部件是否有异常磨损，损坏部件应及时修理或更换，清洗干净后在空心轴、轴套、摇臂弹簧、摇臂轴以及扇形机构等处涂油然后装好；对蜗轮蜗杆式（叶轮式）喷头则应清洗检查后在蜗杆、齿轮以及空心轴、轴套等处涂油，然后装好；管道内存水要放空，防锈层脱落应修补，移动软管应冲洗干净后充分晾干，塑料管要防止暴晒，全部设备整理完毕后，应放在通风、干燥的仓房中妥为保存。

**5. 喷头安装使用与维护**

**（1）使用前的检查**

1）检查各连接件是否紧固可靠，有无松动现象，如有则需紧固，以免影响工作的可靠性。

2）检查流道内有无异物堵塞。流道内有异物会使喷水量减小，不但影响射程和喷头转动速度，严重时喷头不转。

3）检查各转动部分是否转动灵活、轻松。

4）检查喷头各可调整部位（如 PY 系列喷头的摇臂弹簧、反转钩等）松紧程度是否合适，限位装置是否在规定使用位置等。

5）检查喷头支架和立管是否放置平稳，支架应用插扦插牢，立管应垂直，否则工作时喷头会产生忽快忽慢现象。喷头与立管连接处不得漏水。

6）检查完毕，可在各转动部位加注适量的润滑油。喷头需在换向器内适当涂抹一些黄油，以免摆块等零件沾水冻结。

7）喷头开始工作后，机手不应立即离开现场，应注意观察一会儿，看有无异常现象。在冬季喷洒时，对 PY 系列应看其工作是否正常合适。

**（2）使用后的保养**

在喷灌季节，每班喷洒后要清洗泥沙，擦尽水渍，转动部分加注少量润滑油。对 PY 系列摇臂式喷头，在连续工作一段时间后（许多厂家定为 100 h），应仔细拆检和清洗喷头所有零件，观察受损情况，更换或添加转动部分的润滑油脂。

**（3）长期存放**

喷头长期不用时，应先拆检保养，擦尽水渍涂油装配，进出口用纸或其他物品包好，以免杂物落入；存放时应放于无腐蚀性介质的通风干燥处，不应将喷头随便堆放。

**（4）移动和运输**

移动和运输过程中应避免沾上泥沙和碰撞，以免碰伤零件和连接部位产生松动。

**安全警告!**

1. 水泵启动后，3 min 未出水，应停机检查。

2. 水泵运行中若出现不正常现象如杂音、振动、水量下降等，应立即停机，要注意轴承温升，其温度不可超过 75℃。

3. 观察喷头工作是否正常，有无转动不均匀，过快或过慢，甚至不转动的现象。

4. 应尽量避免引用泥沙含量过多的水进行喷灌，否则容易磨损水泵叶轮和喷头的喷嘴，并影响作物的生长。

5. 为了适用于不同的土质和作物，需要更换喷嘴。调整喷头转速时，可以通过拧紧或放松摇臂弹簧来实现。

6. 喷头转速调整好的标志是，在不产生地表径流的前提下，尽量采用慢的转动速度，一般小喷头为 1 ~2 min 转 1 圈，中喷头 3 ~4 min 转 1 圈，大喷头 5 ~7 min 转 1 圈。

**（5）喷头常见故障及其排除方法**

喷头的形式甚多，故障不尽相同，篇幅所限，不可能一一列举，以下仅就广泛使用的摇臂式喷头的常见故障及其排除方法重点加以介绍。

摇臂式喷头的常见故障及其排除方法见表 3—3。

**表 3—3　　摇臂式喷头的常见故障及其排除方法**

| 故障现象 | 故障原因 | 排除方法 |
| --- | --- | --- |
| 水舌性状异常 | 1. 喷头加工精度不够，有毛刺或损伤<br>2. 喷嘴内部损坏严重<br>3. 整流器扭曲变形<br>4. 流道内有异物阻塞 | 1. 喷头打磨光滑或更换喷嘴<br>2. 更换喷嘴<br>3. 修理或更换<br>4. 拆开喷头清除异物 |
| 水舌性状尚可，但射程不够 | 1. 喷头转速太快<br>2. 工作压力不够 | 1. 调小喷头转速<br>2. 按设计要求调高压力 |
| 喷头转动部分漏水 | 1. 垫圈磨损、止水胶圈损坏或安装不当<br>2. 垫圈中进入泥沙，密封端面不密合<br>3. 喷头加工精度不够 | 1. 换新件或重新安装<br>2. 清洗空心轴<br>3. 修理或更换新件 |

续表

| 故障现象 | 故障原因 | 排除方法 |
| --- | --- | --- |
| 摇臂式喷头不转动或转动慢 | 1. 空心轴与轴套之间间隙太小<br>2. 安装时轴套拧得太紧<br>3. 空心轴与轴套间被进入的泥沙堵塞 | 1. 车大或打磨加大间隙<br>2. 适当拧松轴套<br>3. 拆开清洗干净，重新安装 |
| 摇臂张角太小（或甩不开） | 1. 摇臂与摇臂轴配合过紧，阻力太大<br>2. 摇臂弹簧压得太紧<br>3. 摇臂安装过高，导水器不能切入水舌<br>4. 水压力不足 | 1. 适当加大间隙<br>2. 应适当调松<br>3. 调低摇臂的位置<br>4. 应调高水的工作压力 |
| 叶轮式喷头叶轮空转，但喷头不转 | 1. 换向齿轮没有啮合上<br>2. 叶轮轴与小蜗轮之间的连接螺钉松脱或销钉脱落<br>3. 大蜗轮与轴套之间定位螺钉松动 | 1. 扳动换向拨杆使齿轮啮合上<br>2. 拧紧<br>3. 拧紧 |
| 叶轮式水舌正常，但叶轮不正常 | 1. 蜗轮、齿轮或空心轴与轴套间锈死<br>2. 蜗轮、蜗杆或齿轮缺油，阻力过大<br>3. 定位螺钉拧得太紧，致使大蜗轮产生偏心<br>4. 叶轮被异物卡死 | 1. 清洗干净后加油重新装好<br>2. 加注润滑油使其转动正常<br>3. 将定位螺钉适当松开<br>4. 清除异物 |

### 6. 水泵的常见故障及其排除

水泵常见故障大体上可分为水力和机械故障两种情况，如抽不出水或出水量不足等属水力故障；泵轴断裂、轴承烧坏等属机械故障。现仅以离心泵、混流泵、轴流泵为例分析水力故障原因及排除方法，供使用时参考。水泵常见故障及其排除方法见表3—4。

**表3—4　水泵常见故障及其排除方法**

| 故障现象 | 故障原因 | 排除方法 |
| --- | --- | --- |
| 水泵不出水 | 1. 充水不足或空气未排尽<br>2. 总扬程超过规定<br>3. 进水管路进气<br>4. 水泵转向不对<br>5. 水泵转速太低<br>6. 吸程太高<br>7. 叶轮严重损坏<br>8. 填料严重漏气<br>9. 叶轮螺母及键脱出<br>10. 进水口被堵塞，底阀不灵活或锈住 | 1. 继续充水或抽气<br>2. 改变安装位置降低总扬程<br>3. 堵塞漏气部位<br>4. 改变旋转方向<br>5. 提高水泵转速<br>6. 降低水泵安装位置<br>7. 更换叶轮<br>8. 更换填料<br>9. 修复紧固<br>10. 消除堵塞，修复底阀 |

续表

| 故障现象 | 故障原因 | 排除方法 |
| --- | --- | --- |
| 水泵出水量不足 | 1. 进水管淹没水深不够，泵内吸入了空气<br>2. 进水管路接头处漏气、漏水<br>3. 进水管路或叶轮有水草杂物<br>4. 输水高度过高<br>5. 功率不足或转速不够<br>6. 减漏环、叶轮磨损<br>7. 填料漏气<br>8. 吸水扬程过高 | 1. 增加进水管长度<br>2. 重新安装接头，堵塞漏气、漏水部位<br>3. 清除水草杂物<br>4. 降低输水高度<br>5. 更换动力机械或提高水泵转速<br>6. 修理或更换<br>7. 旋紧压盖或更换填料<br>8. 调整吸水扬程 |
| 水泵在运行中突然停止出水 | 1. 进水管路堵塞<br>2. 叶轮被吸入杂物打坏<br>3. 进水管口吸入大量空气 | 1. 清除堵塞<br>2. 更换叶轮<br>3. 加深淹没深度 |
| 功率消耗过大 | 1. 转速太高<br>2. 泵轴弯曲、轴承磨损<br>3. 填料压得过紧<br>4. 流量与扬程超过使用范围<br>5. 直连传动，轴心不准或带传动过紧<br>6. 进水口底阀太重，使进水功耗增大 | 1. 降低转速<br>2. 修理或更换<br>3. 重新调整<br>4. 调整流量扬程使其符合使用范围<br>5. 校正轴心位置，调整传动带张紧度<br>6. 更换底阀 |
| 水泵有杂声和振动 | 1. 基础螺母松动<br>2. 叶轮损坏或局部堵塞<br>3. 泵轴弯曲、轴承磨损过大<br>4. 直连传动两轴心没有对正<br>5. 吸程过高<br>6. 泵内掉进杂物 | 1. 旋紧螺母<br>2. 更换叶轮或清除杂物<br>3. 校正或更换<br>4. 重新调整<br>5. 降低安装位置<br>6. 清除杂物 |
| 轴承过热 | 1. 润滑油不足或油质太差<br>2. 轴承装配不当或泵轴弯曲<br>3. 传动带太紧<br>4. 轴承损坏 | 1. 加油或更换符合标准的油<br>2. 重新装配或校正泵轴<br>3. 适当放松传动带张紧度<br>4. 更换轴承 |

## 三、滴灌设备

滴灌系统中，除水源外的一切组成部分，都是滴灌设备。在这些设备中，有些是水利工程常用设备，如水泵、动力机、流量计、压力表和各种闸阀等，这里不再介绍。

### 1. 主要设备

#### （1）滴头

滴头是滴灌系统的执行机构，又称其为滴灌系统的心脏。滴头一般由塑料制成，它的质量好坏直接影响到滴灌系统的正常工作和灌溉效果。

滴头的消能机构主要有长流道消能、孔口消能和长流道孔口组合消能三种方式。

1）滴头的安装方式。滴头在毛管上的安装方式主要有管间式、旁插式和端接式三种。三种安装方式的局部水头损失不同，对使用效果也有一定的影响。

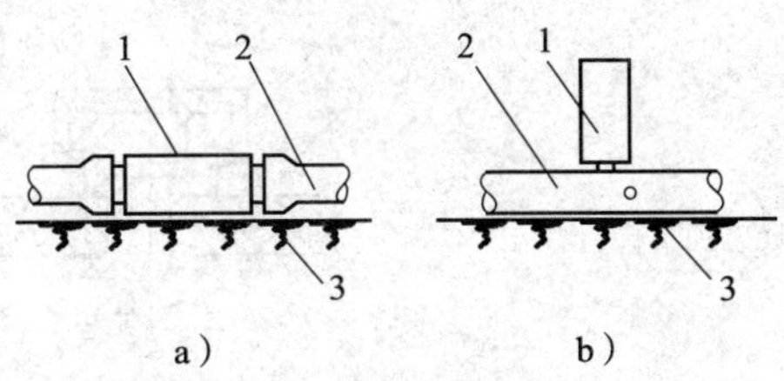

图 3—3　滴头的安装
a）管间式　b）旁插式
1—滴头　2—毛管　3—水滴

①管间式安装是将毛管剪断，滴头直接安在毛管上，如图 3—3a 所示。这种安装方式接头严密，无漏水现象，有助于提高滴水均匀度。但剪断毛管，使毛管整体性能降低，滴头的局部水头损失也较大。

②旁插式安装是在毛管上打孔，将滴头进水口插入毛管，如图 3—3b 所示。这种安装方式不剪断毛管，毛管整体性好，局部水头损失小。但插口处结合不够严密，易漏水，对灌溉均匀度有一定影响。

③端接式是把滴头安装在毛管的端头，每个滴头配一个毛管三通，把三通安装在毛管上，由三通造成一个端点并安装滴头。这种安装方式的优点因滴头而异，一般介于两者之间。

2）滴头的结构。滴头的种类很多，下面就使用最普遍的几种国产滴头作简单介绍。

①长流道式滴头。这种滴头是使压力水流通过滴头中长长的细纹孔槽消耗掉能量变成水滴。如图 3—4a 所示一般又称管间式滴头，是我国目前生产使用较多的一种滴头。

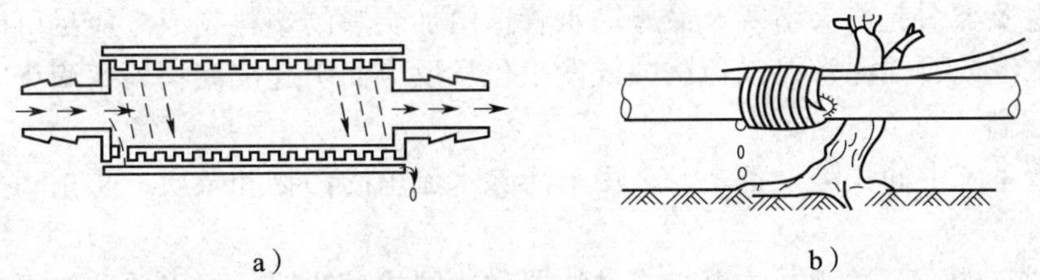

图 3—4　长流道式滴头
a）管间式　b）旁插式

最简单的一种长流道式滴头是由孔径为 0.5 ~ 0.6 mm 软聚氯乙烯管（一般称发丝）一端插入毛管内壁，另一端缠绕在毛管上构成（见图 3—4b）。发丝绕的圈数取决于需要的工作压力，在一定的水流压力下改变圈数就可改变滴头的流量。这种滴头结构简单、成本低，但易被堵塞，工作不可靠。

②孔口短流道式滴头。这种滴头大致有两种类型：一是水流通过细小的管孔经减压或旋流消耗其能量之后，由出口流出滴入土壤，如图 3—5 所示。另一种是利用滴头芯上或圆盘上的螺纹形成水流能量的消耗，只是流程较短，图 3—6 所示的一般称为螺帽式滴头，是我国目前应用较多的一种滴头。

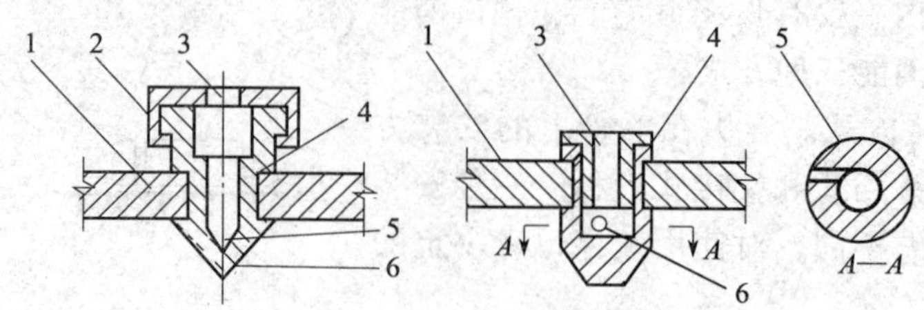


图 3—5 孔口短流道式滴头

1—毛管壁 2—两头罩 3—出水口 4—滴头体 5—减压室 6—进水孔

**(2) 管道及管件**

滴灌系统的输水管道一般包括从水源输水的干管，从干管配水的支管和灌溉的毛管，共三级管道。多采用高压聚乙烯或聚氯乙烯制成。目前常用的干管和支管的管径有 20 mm、25 mm、32 mm、40 mm、60 mm、90 mm 六种，毛管的管径有 10 mm、13 mm、15 mm 三种。各级输水管道布置时要求尽量互相垂直，而且尽量对称；使整个系统管道短，控制面积大，水流损失小，投资省。毛管和支管之间用旁通管连接，毛管与毛管分叉用毛管三通连接。管件除旁通管和毛管三通管外，还有管接头、弯头和堵头等。这些管件都是塑料制品。

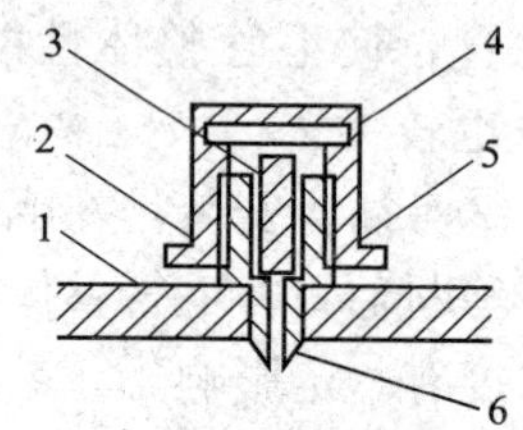


图 3—6 螺帽式滴头

1—毛管壁 2—滴头体 3—滴头芯 4—滴水帽 5—出水口 6—进水口

为了防止管道老化和损坏，同时不影响其他农艺操作，一般将干管和支管埋在冻土层以下 20 cm 深。根据使用经验，啮齿动物会咬坏聚乙烯管，故以采用聚氯乙烯管为好。为了防止管道内滋生藻类引起滴头堵塞，最好输水管道由加炭黑的塑料制成。应尽可能少采用和不采用金属、水泥或石棉泥管，以免锈蚀或发生化学反应而引起沉淀物堵塞滴头。

**(3) 过滤器**

它是滴灌系统中的关键设备之一，用来清除水流中的污物和杂质，防止滴头堵塞而影响灌溉质量。

最常用的有砂砾石过滤器、离心式过滤器和滤网式过滤器，可以单独使用或联合使用。

1）砂砾石过滤器（见图 3—7）。它是一个具有相当容量，覆有顶盖的金属罐。罐内依次放四层洗净的、粒径大小不同的砂砾石，底层的最大，层较厚，中间的两层次之，上层的最细，但层最厚。砂砾石上方，金属罐里还留有一定空间，水流即由装在那里的进水管流入，经砂砾层过滤后由罐底阀门流出。为防止上部注水时冲乱砂砾石过滤层，一般将进水管进入罐后分叉成十字形，水分散由许多孔口注入。这种过滤器应定期倒流冲洗，即关闭进水阀和出水阀，使水经冲洗管由下向上流，冲走污物，由顶部的排污管排出。

2）滤网式过滤器（见图 3—8）。它的主要元件是由耐腐蚀的金属丝或尼龙丝网制成的内外两层滤网。滤网的孔目应该根据水源中泥沙的颗粒粗细决定。为了防止滴头堵塞，一般需要滤网能够清除水中 75 μm 以上的泥沙颗粒，滤网的孔目应在 200 目/$cm^2$ 左右。滤网装在金属外壳里面。水流从进水口进入金属壳内，通过滤网过滤后从滤网中间的管接头流出。被滤出的污物存留在滤网外面，可从排污口排出。

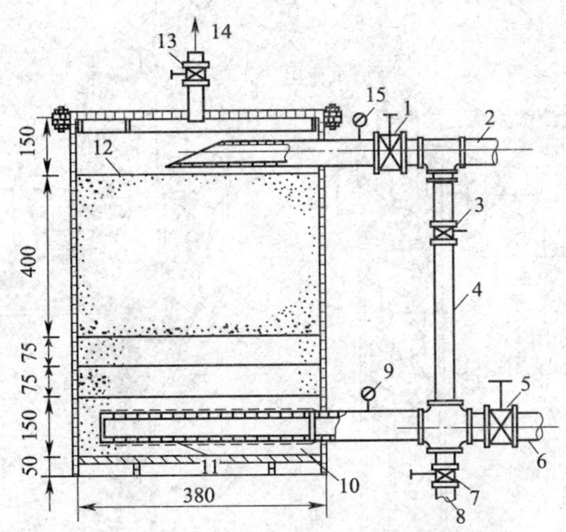


图 3—7 单罐反冲洗砂砾石过滤器

1—进水阀 2—进水管 3—冲洗阀 4—冲洗管 5—输水阀 6—输水管 7—排水阀 8—排水管 9、15—压力表 10—集水管 11—筛网 12—过滤砂 13—排污阀 14—排污管

使用滤网过滤器时，要求在滤网孔目被堵塞 50% 时，其有效滤孔有效总面积仍大于输水管断面的三倍以上。过滤器一般置于滴灌系统的主输水管道中。在山丘地带由蓄水池供水时，可将其潜放在水池里。滤网或过滤器能很好地清除水源中的极细沙粒，但易于被大量的藻类或其他有机物堵塞，需要经常清洗。

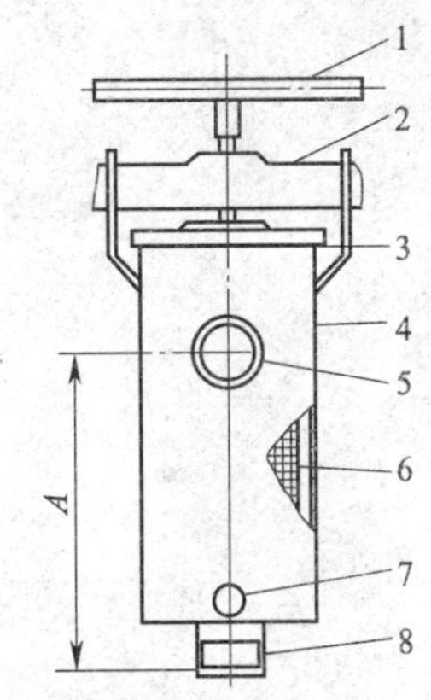


图 3—8 筛网过滤器

1—手柄 2—横担 3—顶盖 4—壳体 5—进水口 6—不锈钢滤网 7—冲洗阀门 8—出水管

3）离心式过滤器（见图 3—9）。水流一进入过滤器壳体即产生旋转运动，在离心力作用下，将水中比较大的泥沙颗粒从水中抛出，从而达到过滤目的。沉降下来的泥沙可通过阀门由排污口清出。这种过滤器不可能将水流中的全部杂质除掉，应与其他过滤器配合使用。当水中具有大量的泥沙和其他污物时，一般应设立沉沙池，将水澄清后再利用其他过滤器过滤。

**（4）肥料注入系统**

滴灌系统可以在灌水的同时施用化学肥料，这就需要利用肥料注入系统以一定的方式把化肥液注入到滴灌管道中。肥料注入系统主要由化肥液储存器和专门的注入设备两部分组成。不同的注入设备，其注入方式也不同。

1）压差式肥料注入系统。压差式肥料注入系统由储液罐、进水管、输水管和调压阀等部分组成，如图 3—10 所示。

2）泵注式肥料注入系统。如图 3—11 所示，这种系统是把化肥溶于一个开式化肥池中，施肥时用泵把化肥液加压后再送入灌溉输水管中。采用这种注入方式，不需要制作密封承压的化肥罐，因此可降低成本。肥料泵用单独的动力机驱动。

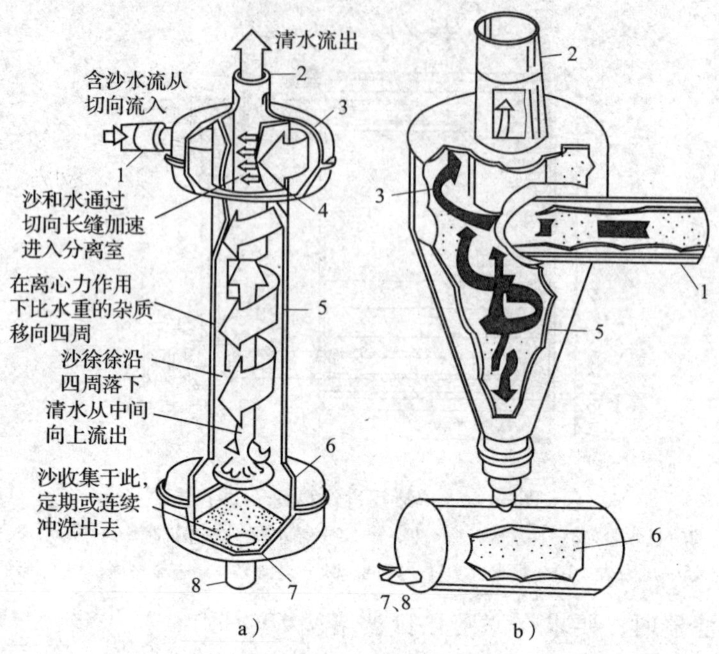


图 3—9　离心式过滤器

1—进水管　2—出水管　3—旋流室　4—切向加速孔　5—分离室
6—储污室　7—排污口　8—排污管

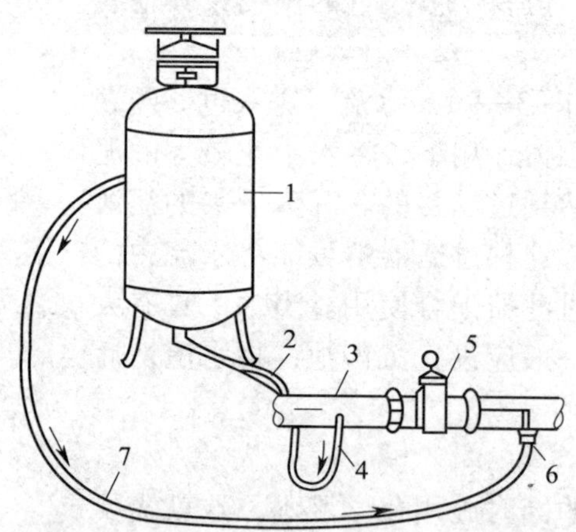

图 3—10　压差式肥料注入系统

1—储液罐　2—进水管　3—输水管　4—阀门
5—调压阀门　6—供肥液管阀门　7—供肥液管

3）文丘里注射式肥料注入系统。如图 3—12 所示，它是利用缩小水管直径而产生的压力差把肥料液吸入输水管中，类似于混药器。供水管内的水流通过收缩管段时，过水断面减小，水流速增大，以射流的形式射入断面较大的管道内；在断面突然增大处，产生负压，

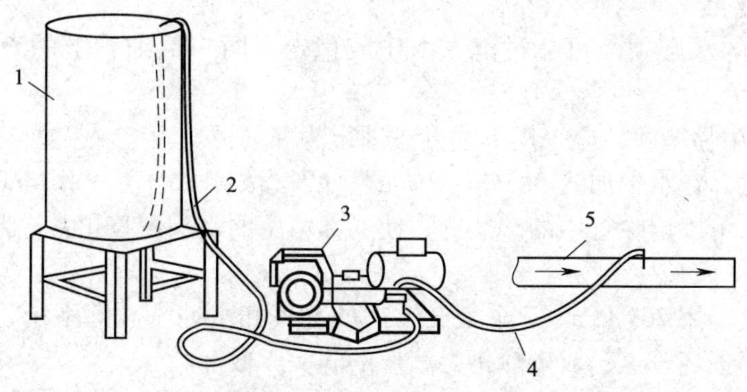


图 3—11　泵注式肥料注入系统

1—化肥桶　2—输液管　3—活塞泵　4—输肥管　5—输水管

化肥液在液面大气压力的作用下，被吸入输水管道内，随水流送向滴头。注射式注入系统的主要缺点是消耗供水管中的一部分能量，使系统水头损失增大；另外，吸肥管较细，容易被堵塞。

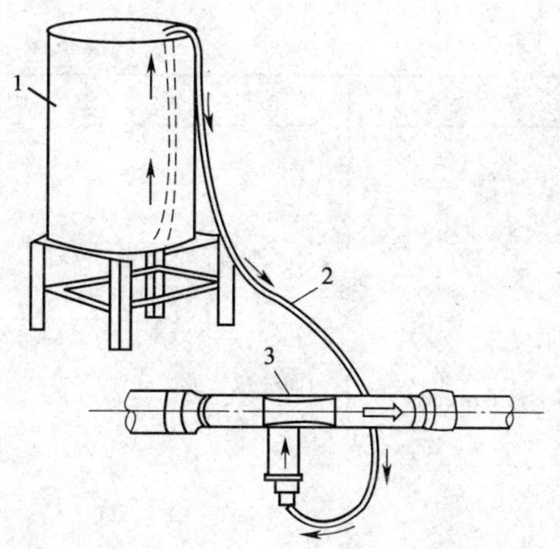


图 3—12　文丘里注射式肥料注入系统

1—敞开式化肥灌　2—输液管　3—文丘里注入器

### 2. 滴灌技术的应用

#### (1) 滴灌系统的运用形式

目前应用的大多是固定式滴灌系统，在实际运用中，这种系统又因地形地势情况不同可分为两种：一种是利用水泵加压，直接供水；一种是修建蓄水池，提蓄结合，自压滴灌。

1）在平原地区，地势比较平坦，干管坡降较小，而水源又可满足滴灌需要流量的地方，则采用水泵加压，直接供水的滴灌系统形式。

2）山区丘陵，由于地形复杂，多采用天池蓄水，提水与蓄水相结合的自压滴灌形式。即滴灌系统范围内，选择地势较高的地方，修建天池，利用自然水头或提水设备蓄水，然后借助地形落差，实行自压滴灌。目前有些山区、丘陵果园应用滴灌面积日益增多，采用天池蓄水，自压滴灌已成为主要形式。它的运行费用低，操作方便，经济效益好。

无论是天池自压滴灌，还是水泵加压滴灌，都必须保证灌溉水过滤干净，使滴头能够正常工作。如过滤器堵塞，则使水头损失加大而影响滴头流量，因此，过滤器必须定期进行清洗。在天池自压滴灌中，天池本身每周也要清洗一次。在爬山管较长，铁管锈蚀情况下，每次开始抽水时，应把开始注入天池的水，通过天池的泄水管放掉。在首部枢纽中，无论哪种形式，在总阀后必须安装进气阀。在每次停止滴灌而关闭总阀时，应同时打开进气阀。因为在坡降的管路中，干管或支管容易形成较大的负压，这种负压易使塑料管道突然变形而纵向破裂损坏。

**（2） 滴头的使用**

1）进入滴头的水必须经可靠过滤，水压应稳定。同一毛细管上的滴头的滴水量应一致。

2）滴头使用中易堵塞，应采用下述方法进行清理维护。

①酸液冲洗法。在水中加入 0.5% ~2% 的盐酸（浓度 36%），用 1 m 水头压入滴灌系统，滞留 10 min，可以清除管中的碳酸钙，使局部堵塞的滴头恢复正常。但对堵死的滴头无效。

②压力疏通法。用 709 kPa（7 个大气压）的空气和水冲洗滴灌系统，对疏通有机物堵塞效果甚好。但易损坏管道，对碳酸钙类堵塞的滴头无效。

③拆卸清洗滴头。对可拆卸的滴头，拆卸清洗能清除任何堵塞物。

### 3. 常见故障及排除方法

常见故障及排除方法见表 3—5。

表 3—5　　滴灌机械常见故障及其排除方法

| 故障现象 | 故障原因 | 排除方法 |
| --- | --- | --- |
| 管道发生断裂 | 1. 管材质量不好<br>2. 地基下沉不均匀<br>3. 管子受温度应力影响而破坏，或因施工方法不当而造成管道破裂 | 1. 严把进货关，在购买管子时，一定要严格检查管子的质量<br>2. 开挖地基检查，对不良的地基应进行基础处理<br>3. 施工时要求管道覆土必须在最大冻深 20 cm 以下，并注意侧向及管下的土深（侧面有临空面或管道通过涵洞时）；加强施工管理，在管沟开挖、地基处理、铺设安装、管道试压、管沟回填等几道工序上要严格按规范进行，当管道通过淤泥地段时，必须采取加强处理 |
| 管道接口渗漏 | 1. 接头安装时加热温度过高，使管头发生裂纹引起漏水<br>2. 管子加温太低，搭接长度偏短造成漏水<br>3. 承插时间过长，使已加热的管头冷却，以致接头不牢固而漏水 | 1. 对于因管头发生裂纹而引起的漏水，处理时，可用 601 黏合剂和聚丙塑料在漏水处缠好，或把裂纹处用 100 目砂布打毛，涂上熟合剂<br>2. 应把子管和母管各打毛 3 ~6 cm，先在母管内侧涂黏合剂，然后盖在涂了黏合剂的子管上，贴紧母管即可<br>3. 用黏合剂和防水胶布在漏水处缠好，再用水泥和沙子按 1:2 的比例拌好，在漏水处做一水泥外壳即可修复 |

续表

| 故障现象 | 故障原因 | 排除方法 |
| --- | --- | --- |
| 管道出现砂眼 | 管子制造的缺陷引起 | 在砂眼周围用100目的砂布打毛，并在砂眼周围打毛部分和管片打毛侧涂上黏合剂，把管片盖在砂眼上，左右移动，使其黏合均匀，片刻即可修复 |
| 停机时水逆流 | 1. 进、排气阀（真空破坏阀）损坏<br>2. 进、排气阀安装位置不正确，管道出现负压（真空） | 1. 拆卸进行修复或更换<br>2. 重新安装 |
| 滴水不均匀（一般表现为近水源处滴水过急，远水源处水量不足） | 1. 滴头堵塞<br>2. 水的压力不够<br>3. 管路支管架设不合理，出现逆坡降 | 1. 清堵修复或更换滴头<br>2. 调高水压<br>3. 根据地形，合理调整支管的坡度或重新架设支管 |
| 过滤器堵塞 | 进水水质过差或过滤器使用时间过久 | 1. 检验进水水质<br>2. 对过滤器进行拆卸检修 |
| 滴头（灌水器）堵塞 | 1. 物理因素，水不清洁（水中含有泥沙、杂物等）<br>2. 化学因素，水中含有铁、锰、硫等元素进行化学反应，生成不溶于水的物质<br>3. 生物因素，水中含有藻类、真菌等微生物 | 1. 高压水冲洗法<br>2. 酸处理法<br>3. 加氯处理方法 |

# 第三节　植保机械的使用与维护

## 一、概述

### 1. 植物保护的意义和防护措施

农作物在生长中常常遭受病菌、害虫和杂草的侵害，必须采取防治措施，以确保丰产丰收。目前常用的防治措施有：

**（1）农业技术防治法**

它是通过合理轮作、深耕、改良土壤、选育良种和改进栽培方法等措施来实现防治目的。

**（2）化学防治法**

化学防治法利用喷洒各种化学药剂来消灭病、虫、草害。

**（3）生物防治法**

生物防治法利用害虫的天敌、生物的寄生关系来实现防治目的，如培育赤眼蜂防治玉米螟、金小蜂防治棉花红玲虫等。

(4) **物理和机械防治法**

它是利用物理或工具来实现防治的目的。如黑光灯灭杀害虫，机械选种法清除病粒等。

上述植物保护措施中，化学防治措施的方法简单、收效快，不受地区或季节的限制，因此广泛采用。

### 2. 化学药剂施药方法

(1) **喷雾法**

喷雾法是对药液施加一定压力，通过喷头雾化成直径为150 ~ 300 μm 的雾滴，喷洒到作物上的防治方法。这种方法雾滴散布均匀，附着性好，射程远，受气候影响小，但喷洒药液量大，由于对药液加压，功耗多。

(2) **弥雾法**

弥雾法利用高速气流将药液吹散，破碎、弥散成直径为100 ~ 150 μm 的雾滴，吹送到远方并沉降到植物上，这种方法雾滴细小，覆盖均匀，喷药量少，特别适合于山区和干旱缺水地区。

(3) **超滴量喷雾法**

超滴量喷雾法是通过高速旋转的齿盘将微量原药液（一般低于5 $L/hm^2$）甩出，借助风力吹送、飘移、穿透、沉降到植株上的方法，这种方法省药、省水、工作效率高、防治效果好。

(4) **喷烟法**

喷烟法则是利用高温气流将烟剂加热，使之汽化或热裂变，再用高速气流吹出，成烟雾，悬浮于空中，使之弥散到各处。这种方法既适用于大面积森林病虫害防治，也适用于仓库消毒和虫害防治。

(5) **喷粉法**

喷粉法利用高速气流将药粉通过喷头喷出去，弥散到植物上，这种方法不用水，使用简便，生产率高，但药粉吹撒不均匀，附着性差，用药量较多，受气候影响大，容易污染环境。

### 3. 植保机械种类

(1) 按药剂性质和施药方法可分为喷雾机、弥雾机、超滴量喷雾机、喷烟机、喷粉机等。

(2) 按动力和机器配置方式可分为手动背负式、机动背负式。近年来采用飞机喷雾、喷粉，自走式喷雾喷粉机等。

## 二、喷雾机的结构及工作原理

### 1. 喷雾机的结构及工作过程

目前农村应用最多的喷雾机是手动喷雾机。手动式喷雾机种类很多，构造也不尽相同，但按其工作原理，可分为液泵式和气泵式两种。液泵式手动喷雾机构造如图3—13 所示。

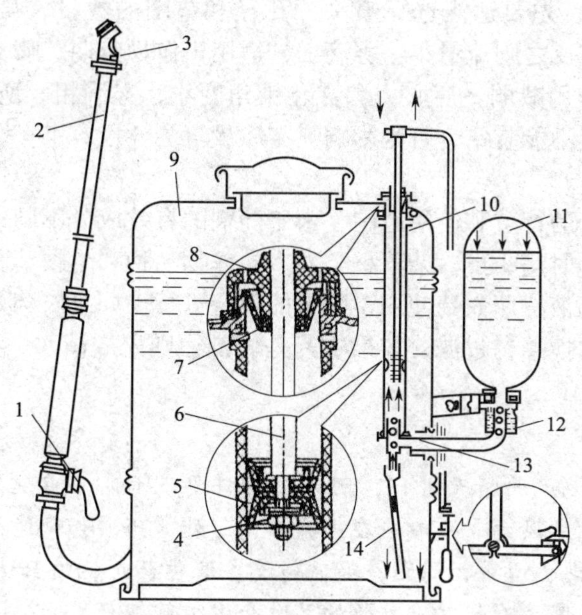


图 3—13　手动喷雾器（工农—16 型）

1—开关　2—喷杆　3—喷头　4—固定螺母　5—皮碗
6—塞杆　7—毡圈　8—喷盖　9—药液箱　10—泵筒
11—空气室　12—出水阀　13—进水阀　14—吸水管

它主要由药液桶、活塞式液泵、空气室、胶管、开关、喷管和喷头等组成。

工作时，用手搬动摇杆，使塞杆在泵筒内作往复运动，当塞杆上行时，带动皮碗由下向上运动，皮碗下面的腔体容积增大，形成局部真空，在压力差的作用下，药桶内的药液冲开进水球阀，沿着进水管进入泵筒，完成进液过程。当塞杆下行时，皮碗从上往下运动，药液即通过出水阀进入空气室。空气室里的空气被压缩，对药液产生压力（可达 8 kPa）打开喷射开关，具有足够而稳定压力的药液从喷杆流进喷头，通过喷头雾化成细小雾滴喷在作物上。

**2. 喷雾机的使用**

**（1）机具的准备**

准备工作有两项，一项是各零件的组装；二是药液的配制。

1）新皮碗应在机油或动物油中浸泡 24 h 以后再安装。

2）在塞杆的螺纹一端依次装上泵盖毡圈、毡托、垫圈、两套皮碗托和皮碗；6 mm 厚垫圈和弹簧垫圈，最后拧紧六角铜螺母，安装后的皮碗不应有明显的变形。

3）组装泵筒。在泵筒端依次装上进水垫圈、进水阀座和吸水管，泵桶与进水阀座要拧紧。

4）塞杆组件与泵桶组件的装配。将塞杆组件装入泵筒组件时，应将皮碗的一边斜放在泵筒内，然后再旋转塞杆，将塞杆竖直，用另一只手帮助把皮碗边沿压入泵筒内（不能硬行塞入），然后将盖旋入拧紧。

5）喷头的组装。首先要适当选择喷头片孔径和垫圈的数目，喷头片孔径大，则流量大，适用于较大作物；反之则流量小，雾滴细，适用于作物苗期。喷头片下垫片多，则涡流室变深，使药液涡流作用减弱，离心力和雾化锥角变小，雾滴粗，所以选择垫圈数量要适当，喷孔片和垫圈位置不能装错，否则影响喷雾质量。

**（2）药液的配制**

各种农药都有自己的特点和使用范围，由于药剂的有效成分不同，对病、虫、杂草的作用和效力也不一样，同时病、虫、杂草种类繁多，作物品种和生长情况不同，对药剂的反应也不一样，因此配制药液按照农药使用说明书的规定进行，如果农药是可湿性粉剂，应先调成糊状，然后再加清水搅拌，过滤；如果农药是乳剂，则先放清水，后加原液至规定浓度，再搅拌，过滤。

**安全警告**

1. 喷药一般应在无风的晴天进行，阴雨天或将要下雨时不宜施药，以免被雨水冲失；如在有风时喷药，应注意风向，一般应在上风头向下处喷药，如风速很大，则应停止喷药。

2. 喷药应注意均匀、适量、周到，如喷药过多浪费药剂，喷药太少，则效果不好。一般常规都是有针对性喷雾，直接对准作物的茎叶全部喷施即可。

3. 工作前，操作者应先扳动摇杆，每分钟约扳动 18 ~ 25 次为宜，使空气室压力达到 3 ~ 4 个大气压，然后打开开关进行喷药。喷药时还要连续平稳地扳动摇杆，以保持空气室的正常压力和喷头的雾化质量。

4. 每次加注药液时，切勿超过桶身所示的水位线位置，空气室的药液超过夹环（即安全水位线）时，应立即停止打气，以免空气室爆炸。

5. 操作者要防止药液接触身体，行走路线可以采取倒退打药，隔行打的方法。

6. 任何时候都不要用手拎喷雾机连杆，以免损坏喷雾机的传动部分。

**（3）工农—16 型喷雾机常见故障及排除方法**

工农—16 型喷雾机常见故障及排除方法见表 3—6。

**表 3—6　　工农—16 型喷雾机常见故障及排除方法**

| 故障现象 | 产生原因 | 排除方法 |
|---|---|---|
| 扳动摇杆感觉沉重 | 1. 皮碗扎住<br>2. 活动部位生锈<br>3. 出水阀堵塞<br>4. 塞杆弯曲 | 1. 拆下整形并加油<br>2. 拆后磨净磨光打油<br>3. 洗刷玻璃球清除杂物<br>4. 矫直塞杆 |
| 扳动摇杆不感到有阻力 | 1. 皮碗干涸变硬或损坏<br>2. 进水阀中有杂物或漏装玻璃球 | 1. 拆下浸油或更换新皮碗<br>2. 拆开清除杂物或补装玻璃球 |
| 泵桶顶端漏水 | 1. 药液加得过满，超过泵桶上回水孔<br>2. 皮碗损坏 | 1. 倒出一些药液，使其在水位线内<br>2. 更换皮碗 |

续表

| 故障现象 | 产生原因 | 排除方法 |
|---|---|---|
| 喷不出雾 | 1. 喷孔堵塞<br>2. 喷头斜孔堵塞<br>3. 滤网堵塞<br>4. 出水阀堵塞 | 1. 清除杂物<br>2. 清除杂物<br>3. 清除杂物<br>4. 清除杂物 |
| 雾化不良或不成圆锥状 | 1. 喷孔堵塞<br>2. 喷头片孔不圆或不正 | 1. 清除杂物<br>2. 更换新喷头片 |
| 喷杆处漏水、开关漏水或转不动 | 1. 开关帽松动<br>2. 密封圈损坏<br>3. 开关芯黏住 | 1. 拧紧开关帽<br>2. 更换密封圈<br>3. 拆下清洗，加油 |
| 其他接头处漏水 | 1. 螺帽松动<br>2. 垫圈干缩<br>3. 垫圈失落 | 1. 拧紧螺纹<br>2. 浸油或更换<br>3. 装入新垫圈 |

## 三、喷粉机的结构及工作过程

### 1. 喷粉机的结构及工作过程

喷粉机有手动和机动两类：手动喷粉机又分背负式和胸挂式两种，机动式有药粉通过风机和药粉不通过风机两种。

喷粉机主要由药粉箱及输（排）粉器、风机、传动齿轮箱、喷撒部件等组成，如图3—14所示。具有一定锥度的粉箱底与刮片式输粉器配合，使药粉能均匀连续排出。采用前弯叶片式离心风机使其结构紧凑，风压较大，扁锥形喷粉流宽阔、覆盖面大。

工作时，操作者背负药粉箱，一手拿喷管，一手摇转手柄，通过齿轮箱使风机增速旋转，箱中药粉在输粉器作用下，经粉门落下，而被风机吸入，然后随气流经软管、喷管、喷粉头喷撒到作物上，喷粉量用粉门控制，喷管与风机间用软管连接，喷管按需要方向可进行摆动。

### 2. 喷粉机的维护与故障处理

**（1）维护保养和保管**

1）定期向各润滑部位加注润滑油或黄油。

2）每班作业结束后，将药粉箱和风机及喷粉管内残留的药粉清除干净，尤其遭遇雨淋后，应将粉门处拆开，清除黏结的药粉，以防粉门卡死或堵塞。

3）机器要长期停放，应将塑料弹簧管卸下，放在阴晾通风的地方，不得压挤，以防硬化、发霉和损坏，药粉箱内和机架各部的黏附药物应清除干净，以防腐蚀。零散件如万向节、前支架等均应包装好，分别进行保存。

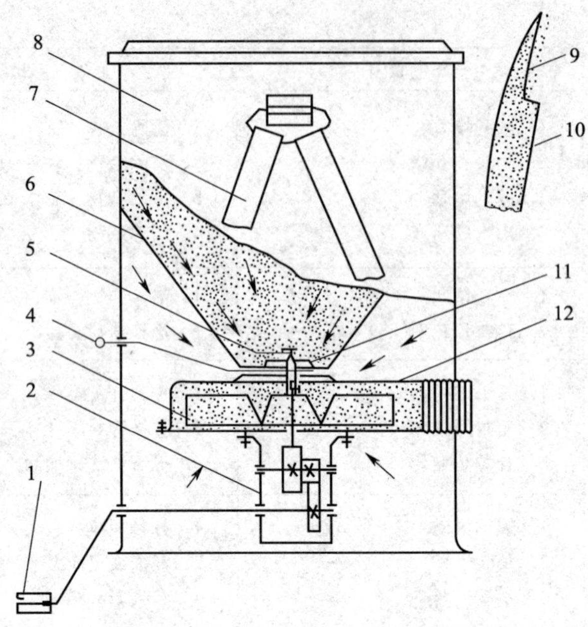


图 3—14 丰收—10 手动喷粉器

1—手柄 2—齿轮箱 3—风机 4—粉门 5—输粉器 6—粉箱底 7—背带 8—粉箱 9—喷粉头 10—喷管 11—挡粉片 12—软管

**（2）故障分析**

丰收—10 手动喷粉机的常见故障及排除方法见表 3—7。

**表 3—7 丰收—10 手动喷粉机的常见故障及排除方法**

| 故障现象 | 产生原因 | 排除方法 |
|---|---|---|
| 手柄摇不动 | 1. 药粉内含有杂物，搅拌器、喷粉盘或风机叶轮堵塞<br>2. 齿轮箱受震动变形<br>3. 密封垫圈损坏后药粉进入轴承内部与黄油腻结 | 1. 清除杂物<br>2. 矫正变形零件<br>3. 更换新密封圈 |
| 喷不出粉或喷很少药粉 | 1. 内排粉口堵塞<br>2. 粉剂太潮，使箱内形成架空现象<br>3. 搅拌器、排粉器失灵不能将粉输送到排粉口 | 1. 拆下松粉盘，清除杂物<br>2. 晒干碾细后使用<br>3. 检查搅拌器、排粉器，排除故障 |
| 风机进风口向外喷粉 | 1. 喷粉量过大<br>2. 喷粉管堵塞<br>3. 喷孔堵塞 | 1. 调整排粉量<br>2. 清除粉管杂物<br>3. 清除喷孔杂物 |
| 长塑料管内积粉 | 1. 风机转速不稳<br>2. 风量过大或过小<br>3. 喷粉管喷孔堵塞 | 1. 使风机转速正常<br>2. 调整风量<br>3. 清除杂物 |

## 四、弥雾喷粉机的结构及使用

### 1．弥雾喷粉机的结构及工作过程

**（1）结构**

东方红—18 型弥雾喷粉机可进行弥雾、喷粉、超低量多种作业，能够适用于大面积农林作物病虫害的防治工作，是应用较广泛的一种植保机具，该机主要由1E40F 型汽油机、机架、风机、药箱、喷管、喷头等组成，如图 3—15 所示。

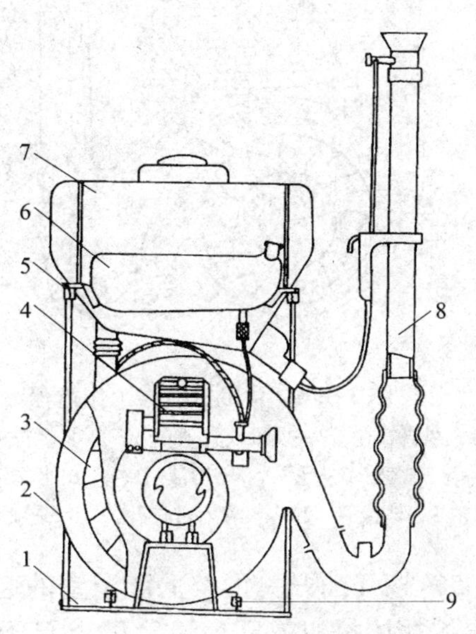

图 3—15　东方红—18 型弥雾喷粉机
1—下机架　2—离心式风机　3—风机叶轮
4—汽油机　5—上机架　6—油箱
7—药箱　8—喷射装置　9—减震装置

**（2）弥雾喷粉的工作过程**

1）弥雾工作过程。如图 3—16 所示，离心式风机在发动机带动下高速旋转（5 000 r/min），产生高速气流，其中大部分经风机出口进入喷管，少部分气流经进风阀和送风加压组件进入药箱上部，对药液加压，加压后的药液经出液口、输液管和把手开关从喷头喷出，喷出的药液受喷管吹来的高速气流冲击，破裂成很细的雾滴，又被高速气流载送到远方，弥散沉降在作物上。

2）喷粉工作过程。如图 3—17 所示，离心式风机高速旋转产生的高速气流，大部分经出口进入喷管，少部分经进风阀进入药箱内的吹粉管，然后从管壁上的小孔冲出来，将箱底药吹松扬起，向压力较低的出粉门推送，同时从风机出来的大部分高速气流经弯管时，使输粉管内形成一定负压，在推动和吸力双重作用下，药粉迅速进入喷管，被高速气流充分混合后，从喷头喷出，扩散到远方，沉降在作物上。

### 2．弥雾喷粉机的使用与保养

**（1）起动前的准备**

1）新的或长期封存的汽油机，启封时先除去气缸的机油，旋下火花塞，用起动绳拉曲轴数次，使机油从火花塞孔排出，擦干火花塞孔和电极上的机油，再检查火花塞是否跳火。试火花塞火花时，应将火花塞螺纹部位贴在缸盖上，拉动起动轮。禁止将火花塞贴住化油器试火，以免着火烧坏机器。

2）检查各螺钉、螺母是否牢固、正常。

3）用手转动起动轮，检查气缸压缩力是否正常和各运动件有无卡滞现象。

4）严格按比例混合燃油，新汽油机最初运转的 50 h 内，汽油和机油的容积比为 15∶1，以后为 20∶1。此外，应注意让油通过油箱的滤网，以防杂质进入油箱。

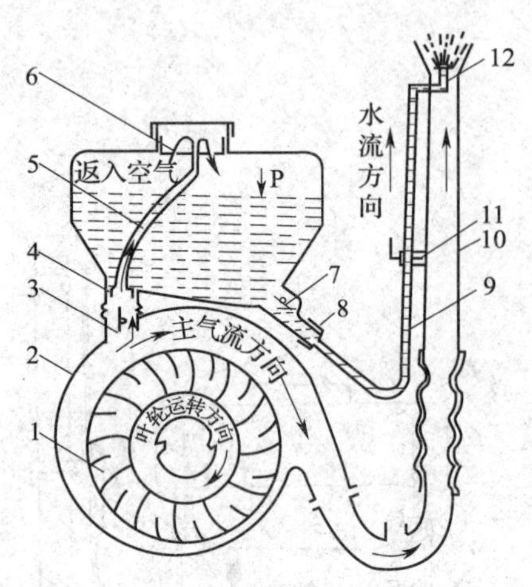


图 3—16　背负机弥雾工作过程

1—风机叶轮　2—风机外壳　3—进风阀　4—进气塞　5—软管　6—滤网　7—输液门　8—出水塞接头　9—输液管　10—喷管　11—开关　12—喷头

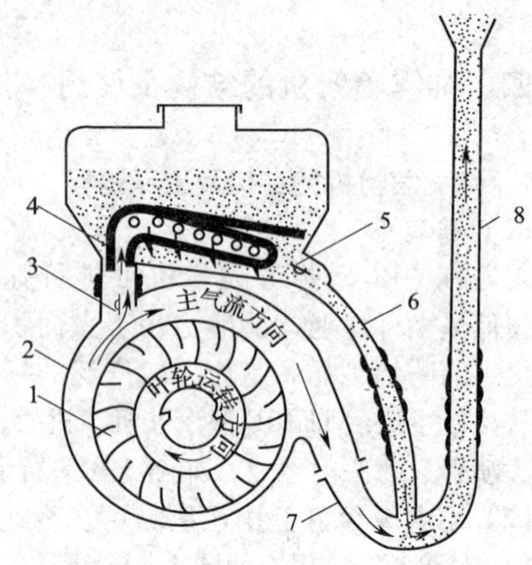


图 3—17　背负机喷粉工作过程

1—风机叶轮　2—风机外壳　3—进风门　4—吹粉管　5—粉门口　6—输粉管　7—弯头　8—喷管

5）打开油开关，按下浮子室的起动加浓按钮，观察有无燃油从空气滤清器处流出。如未按加浓按钮前已溢油，可用起子柄轻轻敲击浮子室外壳，以端正针阀与浮子支架的连接及针阀与针阀座的配合。若仍溢油，可把浮子支架向下弯曲，以调低浮子室油面的高度。

**（2）起动步骤及注意事项**

1）将阻风门关闭 1/2 ~ 2/3（热机起动可不关），目的是使混合气加浓。

2）手油门全开或打开 1/2。

3）按下起动加浓按钮，使化油器溢油（热机可不按），以增加混合气浓度。

4）左脚踩住背负机下机架，将起动绳顺时针在起动轮上绕 2 ~ 3 圈。左手扶住汽油机，右手迅速用力拉动起动绳，拉绳时要注意固定汽油机，防止机器倒翻。禁止起动绳绕在手上，以防曲轴反转时伤害人身。

5）待汽油机起动后逐渐开大阻风门，并妥善将手油门放在最低速运转位置，待运转 3 ~ 5 min，汽油机工作正常后再加速进行负荷作业。

**（3）运转时注意事项**

1）工作中不可突然加大油门高速运转。随时注意机体温度、声响、烟色，如出现异常现象时应立即停机检查。

2）停机前应低速运转 3 ~ 5 min。每班工作结束时，关闭油门开关，让化油器中燃油烧净而自动停机。

**（4）弥雾喷粉机拆装**

拆装步骤如下（装机与此相反）：

1）从化油器上取下输油管，拔出粉门轴摇臂与粉门拉杆连接的开口销，旋下两夹带螺母，取下药箱。

2）旋下紧固在气缸盖上的螺钉，再旋下上支撑的连接螺钉，将上机架连同油箱取下来。

3）旋下油门操纵杆上两支架和化油器压盖螺母，旋下风机和机架上风机支撑组相连接的 4 个螺母，将风机连同汽油机一起取下来。

4）旋下风机周围的 12 个螺钉，取下风机后盖。

5）旋下紧固在轴端的螺母，将叶轮取下来。

6）取下消声器，旋下汽油机与后盖连接的螺钉，使汽油机和风机后盖分开。

**注意事项**

1. 机具大部分采用轻铝合金或薄壁结构，拆装时不宜用力过大，防止其损坏。

2. 粉门与药箱连接处，若无渗漏现象可不必拆卸。

3. 拆装离心风机周围 12 个螺钉时，应均匀对角旋松或旋紧。旋紧前应先用手将 12 个螺钉全部拧进丝扣里，再用工具旋紧。

4. 拆装叶轮时，若叶轮与轴配合过紧或锈住时，可用拉拔器拆装，切勿用锤猛力敲打。

5. 离心风机通过 3 个减震胶柱与下支架连接，装配时不要把胶柱两端的螺母过分旋紧，只要将弹簧垫圈的错口压平即可。

**（5）保养和保管**

1）每班作业完毕要清除箱内残药，还要加水清洗药箱，弥雾作业后，还要清洗喷雾系统，喷粉作业清洗后要擦干药箱。

2）检查各部位连接处坚固情况，发现问题及时处理，使该机保持完好状态。

3）长喷管在拆卸前，应空机运转 1 ~ 2 min，将管内残粉吹净。

4）汽油机保养存放按说明书要求进行。

**（6）故障分析**

东方红—18 型弥雾喷粉机常见故障及排除方法见表 3—8。

**表 3—8　　东方红—18 型弥雾喷粉机常见故障及排除方法**

| 故障现象 | 产生原因 | 排除方法 |
| --- | --- | --- |
| 喷雾量少或不喷雾 | 1. 喷嘴或空心轴堵塞<br>2. 开关堵塞<br>3. 进风门没打开<br>4. 药箱盖漏气<br>5. 汽油机转速过低 | 1. 清洗喷嘴或空心轴<br>2. 拧下转芯清洗<br>3. 开启进风门<br>4. 检查盖严胶圈是否损坏或变形，更换新胶圈<br>5. 检查调整汽油机 |
| 药液进入风机 | 1. 进气塞或进气胶圈封不严或胶圈腐蚀<br>2. 进气塞与过滤网之间的进气管脱落 | 1. 更换进气胶圈<br>2. 重新安好或更换进气管 |

续表

| 故障现象 | 产生原因 | 排除方法 |
|---|---|---|
| 手把开关漏水 | 1. 开关压盖没拧紧<br>2. 开关芯上垫圈磨损 | 1. 拧紧压盖<br>2. 更换垫圈 |
| 出粉量少或不喷 | 1. 粉门未全开；药粉潮湿<br>2. 吹粉管脱落；粉门堵塞<br>3. 进风门没打开 | 1. 全部打开粉门；换用干燥药粉<br>2. 重新安装好吹粉管；清除堵塞<br>3. 打开进风门 |
| 药粉进入风机 | 1. 吹粉管脱落<br>2. 吹粉管与进气胶圈密封不严<br>3. 加药粉时进风门未关 | 1. 重新安装好<br>2. 更换进气胶圈<br>3. 先关风门再加药粉 |

## 复习思考题

1. 中耕机械除草作业时没有刮除垄帮杂草的原因及排除方法有哪些？
2. 中耕机械除草培土作业时锄深不均匀的原因及预防措施有哪些？
3. 喷雾机在使用前有哪些准备工作？
4. 保养喷雾机应注意哪些事项？
5. 工农—36 型喷雾机加压时手感无力、喷雾不足的原因有哪些？怎样排除？
6. 东方红—18 型弥雾喷粉机由哪几部分组成？
7. 东方红—18 型弥雾喷粉机在使用中应注意哪些操作方法？
8. 东方红—18 型弥雾喷粉机在拆装时有哪些步骤？有哪些注意事项？
9. 简述农田灌溉设备的组成。
10. 农业生产中采用的灌溉方式有哪些？
11. 喷灌机在作业时摇臂式喷头不转动或转动慢的原因有哪些？怎样排除？

# 第四章　联合收割机的使用与维护

**学习目标：**

◆ 掌握常见的联合收割机的结构及工作过程

◆ 会正确使用常见的联合收割机

◆ 能正确维护常见的联合收割机

收获是农业生产中关键性的作业环节，使用机械迅速、及时、高质量地进行收获作业，对保证丰产丰收具有十分重要的意义。

谷物收获的方法，因各地情况不同而异，常用的有以下几种：

（1）**分段收获法**

用人工或不同的机器，分别完成谷物的收割、捆运、脱粒和清选等作业，这种方法虽然生产率低，劳动强度和收获损失较大，但所用机具比较简单，设备投资小，目前我国农村仍普遍采用。

（2）**联合收获法**

用联合收割机在田间一次完成收割、脱粒和清选等作业。生产率高、作业及时，劳动强度和收获损失小。但所用机器复杂，造价高，一次性投资大，且每年使用时间短，因而收获成本较高，对使用技术和作业条件要求也较高。由于作物成熟度不够一致，收后部分籽粒不够饱满、籽粒含水量较大，加大了晒场负荷。

（3）**两段收获法**

将谷物收获过程分两段进行，先用割晒机或收割机将谷物割倒，成条铺放在一定高度的埂上，经晾晒后，再用带拣拾器的联合收割机进行拣拾、脱粒和清选。分段收获的特点是能充分利用作物的后熟作用，可提前收割，延长了收割期，籽粒饱满，千粒重增加，产量有所提高。且由于籽粒含水量小，减轻了晒场负荷。机器作业效率高，故障少。但增加了机器进地次数，对土壤的压实程度较大。在多雨潮湿地区，谷物铺放在田间，易发芽霉烂，不宜采用此法。

**技术要求**

1. 适时完成收获作业。适时收获对减少收获损失有很大意义。

2. 保证收获质量。作业中减少谷粒的损失，破碎和损伤。有较高的清洁率。割茬尽量改低。

3. 有较好的适应性。

4. 禾条铺放整齐。为便于打捆，禾条应横向铺放。割晒时，禾条应成顺向铺放，以利于拣拾。

# 第一节　水稻联合收割机的使用与维护

## 一、水稻联合收割机的构造及工作过程

水稻联合收割机按喂入方式的不同可分为全喂入式和半喂入式两种。全喂入式联合收割机是将割下的作物全部喂入滚筒。半喂入式只是将作物的头部喂入滚筒，因而能将茎秆保持得比较完整。如图 4—1 所示为半喂入式联合收割机。

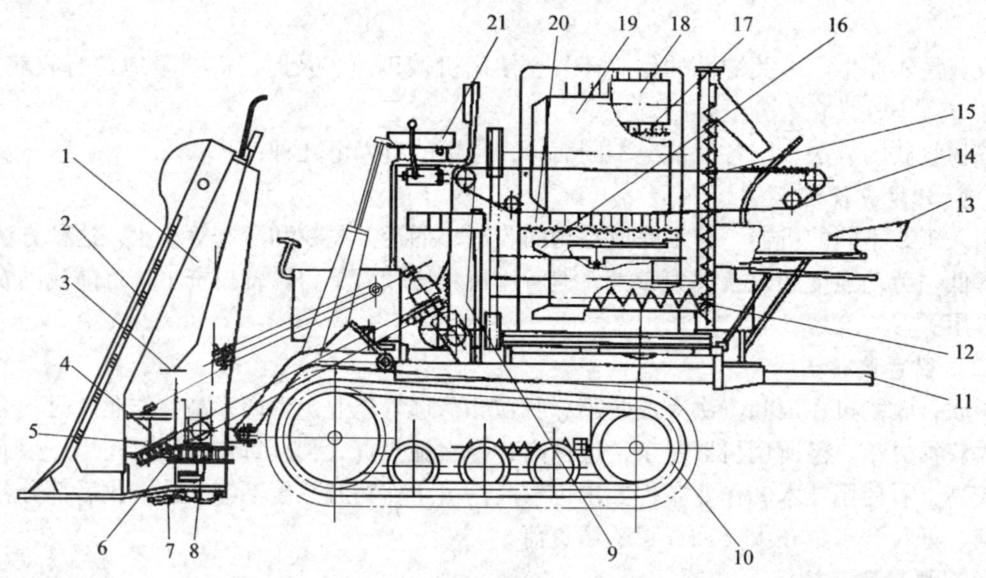


图 4—1　半喂入式联合收割机

1—立式割台　2—扶禾器　3—上输送链　4—拨禾星轮　5—中间输送上链　6—中间输送下链　7—切割器　8—下输送链　9—二级夹持链　10—履带　11—卸粮台　12—水平螺旋　13—卸粮座位　14—脱粒夹持链　15—竖直螺旋　16—风扇　17—副滚筒筛板　18—副滚筒　19—主滚筒　20—凹版　21—驾驶台

水稻联合收割机工作时，扶禾拨指将倒伏作物扶直推向割台，扶禾星轮辅助拨指拨禾，并支撑切割。作物被切断后，割台横向输送链将作物向割台左侧输送，再传给中间输送装置，中间输送夹持链通过上下链把把垂直状态的作物禾秆逐渐改变成水平状态送入脱粒滚筒脱粒，穗头经主滚筒脱净后，长茎秆从机后排出，成堆或成条铺放在田间。谷粒穿过筛网经抖动板，由风扇产生的气流吹净，干净的谷粒落入水平推运器，再由谷粒水平推运器送给垂直谷粒推运器，经出粮口接粮装袋。断穗由主滚筒送给副滚筒进行第二次脱粒，杂余物由副滚筒的排杂口排出机外。

## 二、水稻联合收割机的使用调整

### 1. 收割装置主要调整内容

**（1）分禾板上、下位置调整**

根据作业的实际情况及时进行调整。田块湿度大，前仰或过多地拨起倒伏作物时，应将分禾板尖端向下调，直至合适为止（最低应距地面 2 cm）。通过调整螺栓进行调整，见图 4—2。

**（2）扶禾爪的收起位置高度调整**

根据被收作物的实际情况，调节扶禾爪的收起位置。其调节方法是：先解除导轨锁定杆，然后上、下移动扶禾器内侧的滑动导轨位置，如图 4—3 所示。具体要求是：通常情况下，导轨调至②的位置；易脱粒的品种和碎草较多时，导轨调至③的位置；长秆且倒伏的作物，导轨应调至①位置。调整时，四条扶禾链条的扶禾爪的收起高度，都应处于相同的位置。

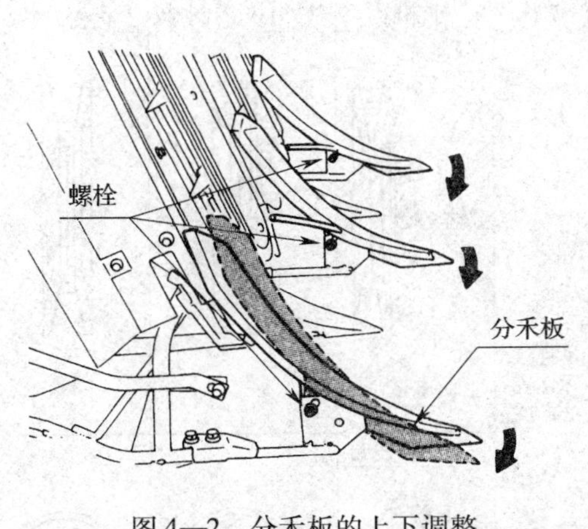


图 4—2　分禾板的上下调整

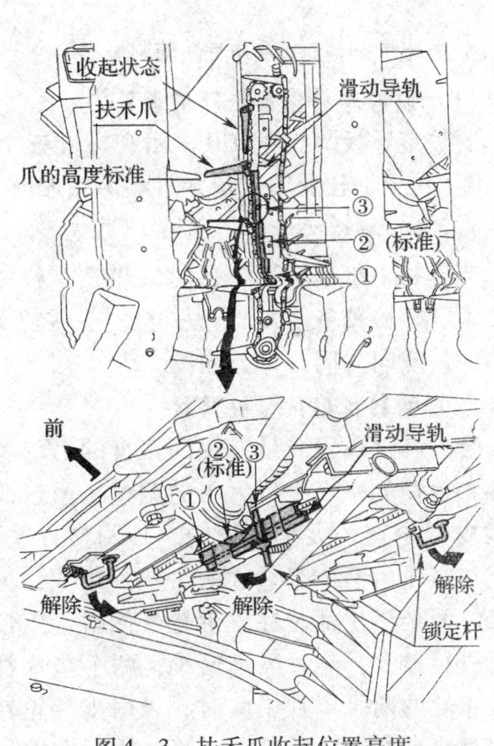


图 4—3　扶禾爪收起位置高度

**（3）右穗端链条的有传送爪导轨的调整**

右爪导轨的位置应根据被脱作物的状态而定。作物茎秆比较零乱时，导轨置于标准位置，如图 4—4 所示；而被脱作物易脱粒而又在右穗端链条处出现损失时，应将导轨调向②位置。其调整方法是：松开固定右爪导轨螺母 A、B，通过 B 处的长槽孔将右爪导轨向②的方向移动至合适位置止，然后拧紧螺母 A、B 固定即可。

**（4） 扶禾调速手柄的调节**

扶禾调速手柄通常在“标准”位置上进行作业，只有在收割倒伏45°以上的作物时或茎秆纠缠在一起时，先将收割机副变速杆置于“低速”，再将扶禾调速手柄置于“高速”或“标准”位置。收割小麦时，不用“高速”位置。

## 2. 脱粒装置的主要调整

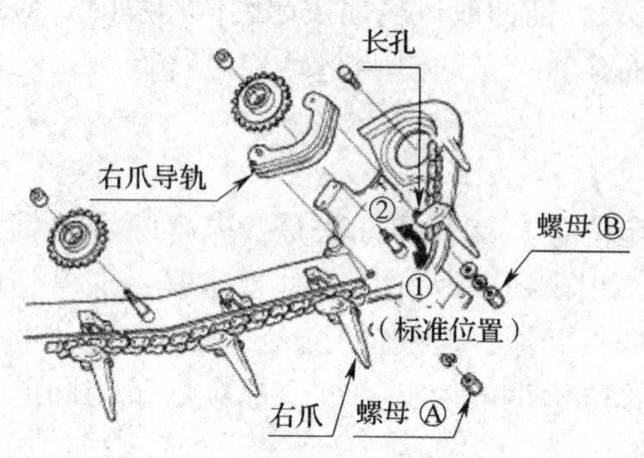


图 4—4 右传动爪导轨的调整

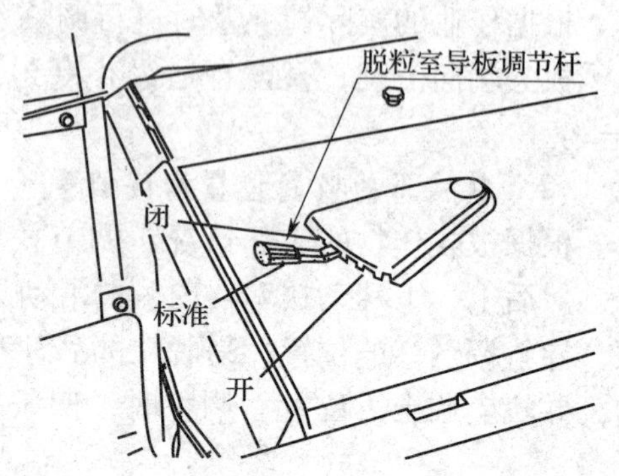


图 4—5 脱粒室导板调节杆的调整

**（1） 脱粒室导板调节杆的调整**

脱粒室导板调节杆有开、闭和标准三个位置（见图 4—5）。新机出厂时，调节杆处于“标准”位置。作业中出现异常响声（咕咚、咕咚），即超负荷时，收割倒伏、潮湿作物及稻麸或损伤颗粒较多时，应向“开”的方向调；当作物中出现筛选不良时（带芒、枝梗颗粒较多、碎粒较多、夹带损失较多）、谷粒飞散较多时，应向“闭”的方向调。

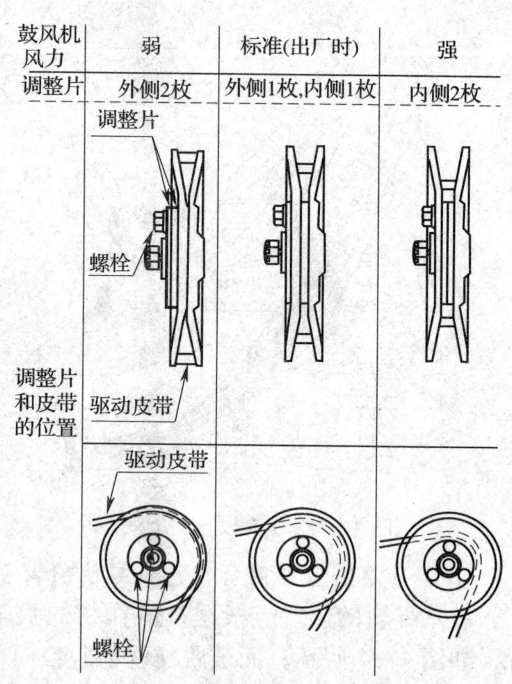


图 4—6 风扇风量调节

**（2） 清粮风扇风量的调整**

合理调整风扇风量能提高粮食的清洁率和减少粮食损失率。风量大小的调整是通过改变风扇皮带轮直径大小进行的。其调整方法是：风扇皮带轮由两个半片和两个垫片组成，见图 4—6。两个垫片都装在皮带轮外侧时，皮带轮转动外径最大，此时风量最小；两个垫片都装在皮带轮的两个半片中间时，风扇皮带轮转动外径最小，这时风量最大；两个垫片在皮带轮外侧装一个，在皮带轮两半片中间装另一个时，则为新机出厂时的装配状态，即标准状态（通常作业状态）。

作业过程中，如出现谷粒中草屑、杂物、碎粒过多时，风量应调强位；如出现筛面跑粮较多，风量应调至弱位。

**（3）清粮筛（振动筛）的调节**

清粮筛为百叶窗式，合理调整筛子叶片开度，可以取得理想的清粮效果。

作业中，喂入量大（高速作业）、作物潮湿、筛面跑粮多、稻麸或损伤谷粒多时，筛子叶片开度应向大的方向调，直至符合要求为止。当出现筛选不良时（带芒、枝梗颗粒较多、断穗较多、碎草较多）时，筛子叶片开度应向小的方向调，直至满意为止。筛子叶片开度的调整方法如图4—7、图4—8所示，拧松调整板螺栓（两颗），调整板向左移，筛片开度（间隙）变小（闭合方向）；向右移动，筛子叶片开度变大（即打开方向）。

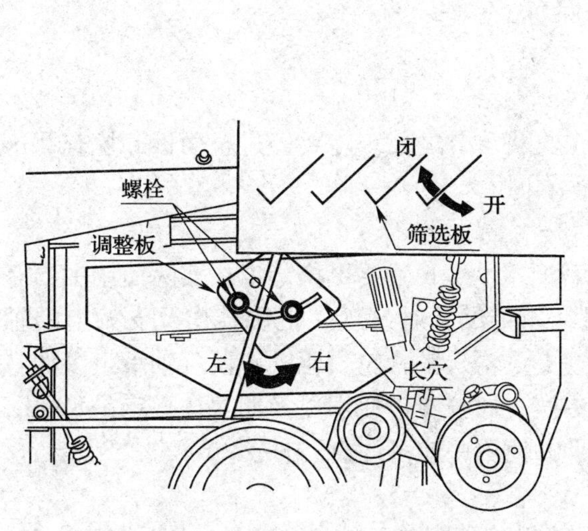

图4—7 清粮筛片开度调节

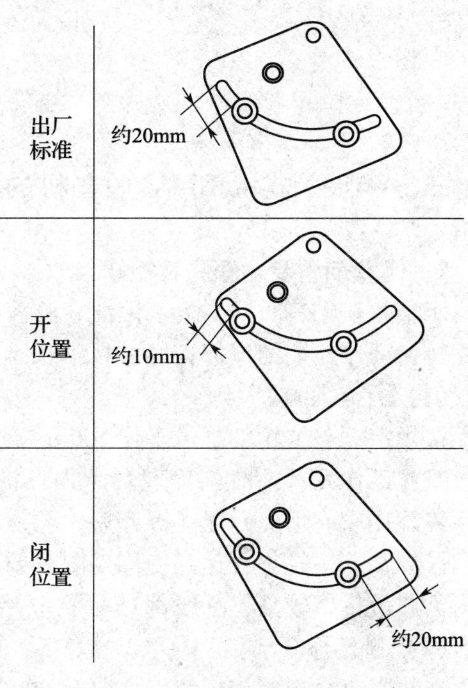

图4—8 清粮筛片开度调节

**（4）筛选箱增强板的调整**

新机出厂时，增强板装在标准位置（通常收割作业位置）。作业中出现筛面跑粮较多时，增强板向前方调，直至上述现象消失为止。

**（5）弓形板的更换**

根据作业需要，在弓形板的位置上可换装导板。新机出厂时，安装的是弓形板（两块）、导板（两块）为随车附件。作业中，当出现稻秆损伤较严重时，可换装导板。通常作业装弓形板。

**（6）筛选板的调整**

新机出厂时，筛选板装配在标准位置（中间位置），如图4—9所示。作业中，排尘损失较多时，应向上调，收割潮湿作物和杂草多的田块，适当向下调，直至满意为止。

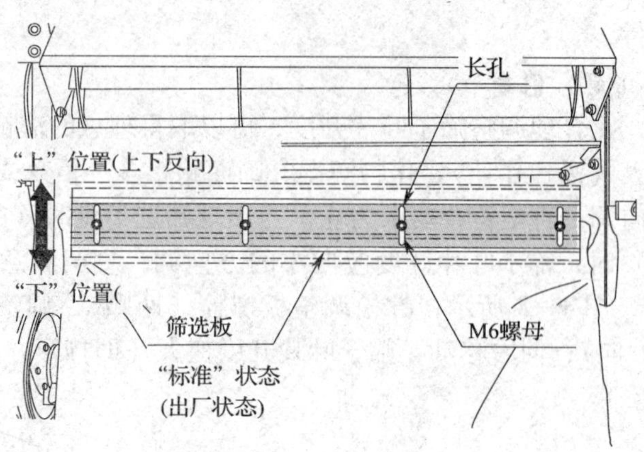


图4—9　筛选板的位置调节

## 三、半喂入式水稻联合收割机的维护保养

### 1. 作业前后要全面保养检修

水稻收获季节时间紧迫，因此，收获机械在收获季节之前一定要经过全面拆卸检查，这样才能保证作业期间保持良好的技术状态，不误农时。

**（1）行走机构**

按规定，支重轮轴承每工作500 h要加注机油，1 000 h后要更换。但在实际使用中，有些收割机工作几百小时就出现轴承损坏的情况，如果没及时发现，很快会伤及支架上的轴套，修理比较麻烦。因此在拆卸后，要认真检查支重轮、张紧轮、驱动轮及各轴承组，如有松动、异常，不管是否达到使用期限都要及时更换。橡胶履带使用更换期限按规定是800 h，但由于履带价格较高，一般都是坏了才更换，平时使用中应多注意防护。

**（2）割脱部分**

谷粒竖直输送螺旋杆使用期限为400 h，再筛选输送螺旋杆为1 000 h，在拆卸检查时，如发现磨损量太大则要更换，有条件的可堆焊修复后再用。收割时如有割茬撕裂、漏割现象，除检查调整割刀间隙、更换磨损刀片外，还要注意检查割刀曲柄和曲柄滚轮，磨损量太大时会因割刀行程改变而受冲击，影响切割质量，应及时更换。割脱机构有部分轴承组比较难拆装，所以在停收保养期间应注意检查，有异常情况的应予以更换，以免作业期间损坏而耽误农时。

### 2. 每班保养

每班保养是保持机器良好技术状态的基础，保养中除清洁、润滑、添加和紧固外，及时的检查能发现小问题并予以纠正，可以有效地预防或减少故障的发生。

（1）检查柴油、机油和水，不足时应及时添加符合要求的油、水。

（2）检查电路，感应器部件如有被秸秆杂草缠堵的应予清除。

（3）检查行走机构，清理泥、草和秸秆，橡胶履带如有松弛应予调整。

（4）检查收割、输送、脱粒等系统的部件，检查割刀间隙、链条和传动带的张紧度、弹簧弹力等是否正常。在集中加油壶中加满机油，对不能由自动加油装置润滑的润滑点，一定要记住用人工加油润滑。

（5）清洁机器，检查机油冷却器、散热器、空气滤清器、防尘网以及传动带罩壳等处的部件，如有尘草堵塞应予清除。

日保养前必须关停机器，将机器停放在平地上进行，以 PRO488（PRO588）久保田联合收割机为例，检查内容见表 4—1 和 4—2。

**表 4—1　　PRO488（PRO588）久保田联合收割机日常维护保养**

<table>
<tr><th></th><th colspan="2">检查项目</th><th>检查内容</th><th>采取措施</th></tr>
<tr><td rowspan="10">检查机体的周围</td><td colspan="2">机体各部</td><td>①是否损伤或变形<br>②螺栓及螺母是否松动或脱落<br>③油或水是否泄漏<br>④是否积有草屑<br>⑤安全标签是否损伤或脱落</td><td>①修理或更换<br>②拧紧或补充<br>③固定紧软管或阀门的安装部位，或更换零部件<br>④清扫<br>⑤重贴新的标签</td></tr>
<tr><td colspan="2">蓄电池、消声器、发动机、燃油箱各配线部的周围</td><td>是否有垃圾、或者机油附着以及泥的堆积</td><td>清理</td></tr>
<tr><td colspan="2">燃料</td><td>是否备有足够作业的燃料</td><td>补充（$0^{\#}$）优质柴油</td></tr>
<tr><td colspan="2">割刀、各链条</td><td>—</td><td>加油</td></tr>
<tr><td colspan="2">割刀、切草器刀</td><td>刀口是否损伤</td><td>更换</td></tr>
<tr><td colspan="2">履带</td><td>是否松动或损伤</td><td>调整或更换</td></tr>
<tr><td colspan="2">进气过滤器</td><td>是否堆积了灰尘</td><td>清扫</td></tr>
<tr><td colspan="2">防尘网</td><td>是否堵塞</td><td>清扫</td></tr>
<tr><td colspan="2">收割升降油箱</td><td>油量是否在规定值间（机油测量计的上限值和下限值之间）</td><td>补充久保田纯机油 UDT 到规定量</td></tr>
<tr><td colspan="2">脱粒网</td><td>是否有极端的磨损或破损</td><td>改装或更换</td></tr>
<tr><td rowspan="4">发动机室</td><td colspan="2">风扇驱动皮带</td><td>是否松动，是否损伤</td><td>调整，更换</td></tr>
<tr><td colspan="2">发动机机油</td><td>油量是否在规定值间（机油测量计的上限值和下限值之间）</td><td>补充到规定量（久保田纯机油 D30 或 D10W30）</td></tr>
<tr><td rowspan="2">散热器</td><td>冷却水</td><td>预备水箱水量是否在规定值间（水箱的 FULL 线和 LOW 线间）</td><td>补充清水（蒸馏水）到规定值</td></tr>
<tr><td>散热片</td><td>是否堵塞</td><td>清扫</td></tr>
</table>

续表

<table>
<tr><th></th><th colspan="2">检查项目</th><th>检查内容</th><th>采取措施</th></tr>
<tr><td>发动机室</td><td colspan="2">蓄电池</td><td>发动机是否启动</td><td>充电或更换</td></tr>
<tr><td rowspan="2">主开关</td><td rowspan="2">仪表板</td><td>机油指示灯</td><td rowspan="2">操作各开关，指示灯是否点亮</td><td rowspan="2">检查灯丝、熔断器是否熔断，再进行更换或连接、蓄电池充电或更换</td></tr>
<tr><td>充电指示灯</td></tr>
<tr><td rowspan="10">启动发动机</td><td rowspan="4">仪表板</td><td>燃料指示灯</td><td rowspan="3">指示灯是否熄灭</td><td>补充（0#）优质柴油</td></tr>
<tr><td>机油指示灯</td><td>补充机油到规定值</td></tr>
<tr><td>充电指示灯</td><td>调整或更换</td></tr>
<tr><td>转速灯</td><td>转速针是否正常</td><td>调整或更换</td></tr>
<tr><td colspan="2">脱粒深浅控制装置</td><td>脱粒深浅链条的动作是否正常</td><td>检查熔断丝是否熔断，接线是否断开，更换或连接</td></tr>
<tr><td colspan="2">各操作杆</td><td>各操作杆的动作是否正常</td><td>调整</td></tr>
<tr><td colspan="2">停车刹</td><td>游隙量是否适当</td><td>调整</td></tr>
<tr><td colspan="2">发动机消声器</td><td>有杂音否，排气颜色是否正常</td><td>调整或更换</td></tr>
<tr><td colspan="2">割刀、各链条</td><td>加油后是否有异</td><td>调整或更换</td></tr>
<tr><td colspan="2">停止拉杆</td><td>发动机是否停止</td><td>调整</td></tr>
</table>

**表 4—2　　　　检查与加油（水）一览表**

<table>
<tr><th rowspan="2">种类、燃料</th><th rowspan="2">检查项目</th><th rowspan="2">措施</th><th colspan="2">检查、更换期（时间表显示的时间）</th><th rowspan="2">容量规定量/升</th><th rowspan="2">种类</th></tr>
<tr><th>检查</th><th>更换</th></tr>
<tr><td>燃油</td><td>燃料箱</td><td>加油</td><td>作业前后</td><td>—</td><td>容量 50</td><td>优质柴油</td></tr>
<tr><td rowspan="6">机油</td><td>发动机</td><td>补充更换</td><td>作业后</td><td>每 100 h</td><td>容量 7，规定量：机油标尺的上限和下限之间</td><td rowspan="5">久保田纯正机油 UDT</td></tr>
<tr><td>传动箱</td><td>补充更换</td><td>—</td><td>初次 50 h，第 2 次后每 300 h</td><td>容量 6.5，规定量：油从检油口稍有溢出</td></tr>
<tr><td>油压油箱</td><td>补充</td><td>—</td><td>初次 50 h，第 2 次后每 400 h</td><td>容量 19.3，规定量：油从检油口稍有溢出</td></tr>
<tr><td>收割升降机油箱</td><td>补充更换</td><td>作业前后</td><td>初次 50 h，第 2 次后每 400 h</td><td>容量 1.6，规定量：机油标尺的上限和下限之间</td></tr>
<tr><td>脱粒齿轮油箱</td><td>补充更换</td><td>—</td><td>初次 50 h，第 2 次后分解</td><td>容量 19.3，规定量：油从检油口稍有溢出</td></tr>
<tr><td>割刀驱动箱</td><td>补充</td><td>分解时</td><td>—</td><td>容量 0.6～0.7</td><td>久保田纯正机油</td></tr>
<tr><td>水液</td><td>脱粒链条驱动箱</td><td></td><td></td><td>—</td><td></td><td>久保田纯正机油 M80B、M90 或 UDT</td></tr>
</table>

续表

| 种类、燃料 | 检查项目 | 措施 | 检查、更换期（时间表显示的时间） | | 容量规定量/升 | 种类 |
|---|---|---|---|---|---|---|
| | | | 检查 | 更换 | | |
| 水液 | 割刀、扶持链、穗端、茎端、脱粒、深浅、供给、排草茎端、穗端链条及张紧支承部 | 加油 | 作业前后 | — | 容量0.3适量 | 久保田纯正机油D30、D10W30或M90 |
| | 冷却水（备用水箱） | | | 冬季停止使用时，排除或加入50%的不冻液 | 规定值：水箱侧面L（下限）和F（上限）之间 | 清水或久保田不冻液 |
| | 蓄电池液 | | 收割季节 | | 规定值：蓄电池侧面下限和上限之间 | 蒸馏水 |
| 黄油 | 行走部 载重滚轮轴承 | 补充 | — | 第500 h加油 | 适量 | 久保田黄油 |
| | 收割部 收割部支撑座、脱粒深浅、链条驱动箱 | | — | 第200 h加油 | | |
| | 收割部 收割齿轮箱、各齿轮箱 | | | | 规定量* | |
| | 脱粒部 各齿轮箱 | | 收割季节前后 | | | |

注：* 各部分机油、黄油的补充和更改：

①检查时，请将机器停在平坦的地方。如果地面倾斜，测量不能正确显示。

②发动机机油的检查，必须在发动机停止5 min后进行。

③使用的机油、黄油必须是指定的久保田纯正机油、黄油。

### 3. 定期维护

半喂入式联合收割机按工作小时数确定技术维护和易损件的更换，使技术维护向科学、合理、实际的方向发展。目前，装有计时器是联合收割机较普遍采用的一种方法。

**注意事项**

1. 半喂入式联合收割机装有先进的自动控制装置，当机器在作业过程中发生温度过高、谷仓装满、输送堵塞、排草不畅、润滑异常以及控制失灵等现象时，都会通过报警器报警和指示灯闪烁向机手提出警示，这时，机手一定要对所警示的有关部位进行检查，找出原因，排除故障后再继续作业。

2. 在泥脚太深（超过15 cm）的水田里作业容易陷车，不要进田收割，可先人工收割，后机脱。

3. 切割倒伏贴地的稻禾，对扶禾机构、切割机构损害很大，不宜作业。

4. 橡胶履带在日常使用中要多注意防护，如跨越高于10 cm的田埂时应在田埂两边铺放稻草或搭桥板，在砂石路上行走时应尽量避免急转弯等。

5. 不要用副调速手柄的高速挡进行收割，否则很可能导致联合收割机发生故障。

## 四、常见故障及排除方法

水稻联合收割机常见故障及排除方法见表4—3。

**表4—3　　水稻联合收割机常见故障及排除方法**

| 故障现象 | 产生原因 | 排除方法 |
| --- | --- | --- |
| 割茬不齐 | 1. 作物的条件不适合<br>2. 田块的条件不适合<br>3. 机手的操作不合理<br>4. 割刀损伤或调整不当<br>5. 收割部机架有无撞击变形 | 1. 更换作物<br>2. 检查田块的条件<br>3. 正确操作<br>4. 更换割刀或正确调整<br>5. 修复收割部机架或更换 |
| 不能收割而把作物压倒 | 1. 作物不合适<br>2. 收割速度过快<br>3. 割刀不良<br>4. 扶起装置调整不良<br>5. 收割皮带张力不足<br>6. 单向离合器不良<br>7. 输送链条松动、损坏<br>8. 割刀驱动装置不良 | 1. 更换作物<br>2. 降低收割速度<br>3. 调整或更换割刀<br>4. 调整分禾板高度<br>5. 皮带调整或更换<br>6. 更换<br>7. 调整或更换输送链条<br>8. 更换割刀驱动装置 |

续表

| 故障现象 | 产生原因 | 排除方法 |
| --- | --- | --- |
| 不能输送作物、输送状态混乱 | 1. 作物不适合<br>2. 机手操作不当<br>3. 脱粒深浅位置不当<br>4. 喂入装置不良<br>5. 扶禾装置不良<br>6. 输送装置不良 | 1. 更换作物<br>2. 副变速挡位置于“标准”<br>3. 脱粒深浅位置用手动控制对准“▼”<br>4. 爪形皮带、喂入轮、轴调整或更换<br>5. 正确选用扶禾调速手柄挡位、调整或更换扶禾爪、扶禾链、扶禾驱动箱里轴和齿轮<br>6. 调整或更换链条、输送箱的轴、齿轮 |
| 收割部不运转 | 1. 输送装置不良<br>2. 收割皮带松<br>3. 单向离合器损坏<br>4. 动力输入平键、轴承、轴损坏 | 1. 调整或更换各链条、输送箱的轴、齿轮<br>2. 调整或更换收割皮带<br>3. 更换单向离合器<br>4. 调整或更换爪形皮带、喂入轮、轴 |
| 筛选不良——稻麦有断草/异物混入 | 1. 发动机转速过低<br>2. 摇动筛开量过大<br>3. 鼓风机风量太弱<br>4. 增强板调节过开 | 1. 增大发动机转速<br>2. 减小摇动筛开量<br>3. 增大鼓风机风量<br>4. 增强板调节得小些 |
| 稻麦谷粒破损较多 | 1. 摇动筛开量过小<br>2. 鼓风机风量太强<br>3. 搅笼堵塞<br>4. 搅笼叶片磨损 | 1. 增大摇动筛开量<br>2. 减小鼓风机风量<br>3. 清理<br>4. 更换或修复 |
| 稻谷中小枝梗，麦粒不能去掉麦芒、麦麸 | 1. 发动机转速过低<br>2. 摇动筛开量过大<br>3. 脱粒室排尘过大<br>4. 脱粒齿磨损 | 1. 增大发动机转速<br>2. 减小摇动筛开量<br>3. 清理排尘<br>4. 更换 |
| 抛洒损失大 | 1. 作物条件不适合<br>2. 机手操作不合理<br>3. 摇动筛开量过小<br>4. 鼓风机风量太强<br>5. 摇动筛后部筛选板过低<br>6. 摇动筛橡胶皮安装不对<br>7. 摇动筛增强板位置过闭<br>8. 摇动筛 1 号、2 号搅笼间的调节板位置过下 | 1. 更换作物<br>2. 正确操作<br>3. 增大摇动筛开量<br>4. 减小鼓风机风量<br>5. 增高摇动筛后部筛选板<br>6. 重新安装<br>7. 调整摇动筛增强板位置<br>8. 调整摇动筛 1 号、2 号搅笼间的调节板位置 |

续表

| 故障现象 | 产生原因 | 排除方法 |
| --- | --- | --- |
| 破碎率高 | 1. 作物过于成熟<br>2. 助手未及时放粮<br>3. 发动机转速过高<br>4. 脱粒滚筒皮带过紧<br>5. 脱粒排尘调节过闭<br>6. 搅笼堵塞<br>7. 搅笼磨损 | 1. 及早收获作物<br>2. 及时放粮<br>3. 减小发动机转速<br>4. 调整脱粒滚筒皮带<br>5. 调整脱粒排尘装置<br>6. 清理<br>7. 更换或修复 |
| 2 号搅笼堵塞 | 1. 作物过分潮湿<br>2. 机手操作不合理<br>3. 摇动筛开量过闭<br>4. 鼓风机风量过弱<br>5. 脱粒部各驱动皮带过松<br>6. 搅笼被异物堵塞<br>7. 搅笼磨损 | 1. 晾晒<br>2. 正确操作<br>3. 调整摇动筛开量<br>4. 增大鼓风机风量<br>5. 调紧脱粒部各驱动皮带<br>6. 清理搅笼<br>7. 更换或修复 |
| 脱粒不净 | 1. 作物条件不符<br>2. 机手操作不合理<br>3. 脱粒深浅调节不当<br>4. 发动机转速过低<br>5. 分禾器变形<br>6. 脱粒、滚筒皮带过松<br>7. 排尘手柄过开<br>8. 脱粒齿、脱粒滤网、切草齿磨损 | 1. 更换作物<br>2. 正确操作<br>3. 正确调整<br>4. 增大发动机转速<br>5. 修复或更换<br>6. 调紧脱粒、滚筒皮带<br>7. 正确调整排尘手柄<br>8. 更换或修复 |
| 脱粒滚筒经常堵塞 | 1. 作物条件不符<br>2. 脱粒部各驱动皮带过松<br>3. 导轨台与链条间隙过大<br>4. 排尘手柄过闭<br>5. 脱粒齿与滤网磨损严重<br>6. 切草齿磨损<br>7. 脱粒链条过松 | 1. 更换作物<br>2. 调紧脱粒部各驱动皮带<br>3. 减小导轨台与链条间隙<br>4. 调整排尘手柄<br>5. 更换<br>6. 更换或修复切草齿磨损<br>7. 调紧脱粒链条 |
| 排草链堵塞 | 1. 排草茎端链过松或磨损<br>2. 排草穗端链不转或磨损<br>3. 排草皮带过松<br>4. 排草导轨与链条间隙过大<br>5. 排草链构架变形 | 1. 调紧排草茎端链或更换<br>2. 正确安装或更换<br>3. 调紧排草皮带<br>4. 减小排草导轨与链条间隙<br>5. 修复或更换排草链构架 |

## 第二节　谷物联合收割机的使用与维护

### 一、谷物联合收割机的构造及工作过程

谷物联合收割机的机型很多，其结构也不尽相同，但其基本构造大同小异。现以约翰迪尔佳联自走式联合收割机为例，说明其构造和工作过程。

JL—1100 自走式联合收割机结构如图 4—10 所示。其主要由割台、脱粒（主机）、发动机、液压系统、电气系统、行走系统、传动系统和操纵系统八大部分组成。

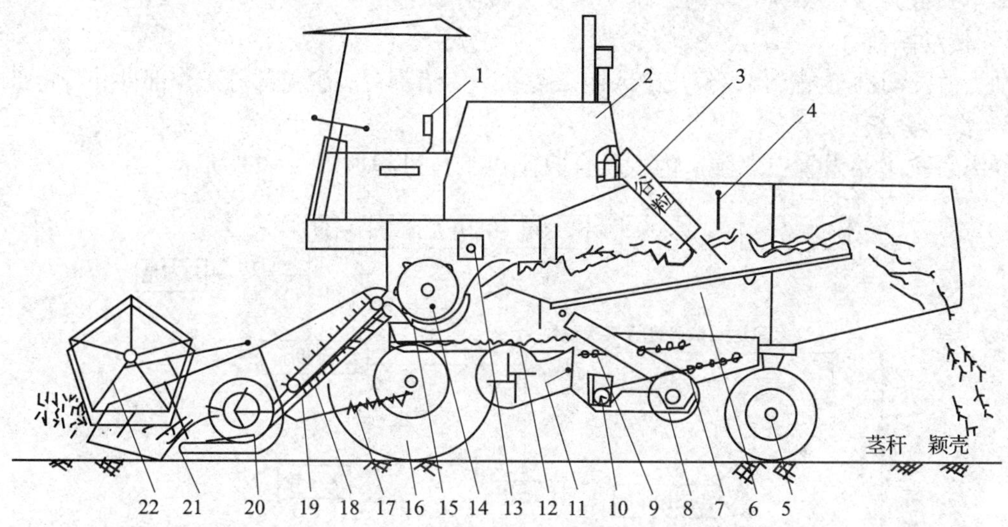


图 4—10　自走式联合收割机的结构示意图

1—驾驶室倾斜输送器　2—发动机　3—卸粮管　4—挡帘　5—转向轮　6—逐稿器　7—下筛　8—杂余推运器　9—上筛　10—粮食推运器　11—风扇　12—阶梯状输送器　13—逐稿轮　14—滚筒　15—凹版　16—驱动轮　17—割台升降油缸　18—倾斜输送器　19—输送链耙　20—割台螺旋推运器和伸缩扒齿　21—切割器　22—拨禾轮

#### 1. 收割台

为适应系列机型和农业技术要求，割台割幅有 3.66 m、4.27 m、4.88 m、5.49 m 四种及大豆挠型割台。割台由台面、拨禾轮、切割器、割台推运器等组成。

#### 2. 脱粒部分

脱粒部分由脱粒机构、分离机构及清选机构、输送机构等构成。

#### 3. 发动机

本机采用法国纱朗公司生产的 6359TZ02 增压水冷直喷柴油机，功率为 110 千瓦（150 马力）。

#### 4. 液压系统

本机液压系统由操纵和转向两个独立系统所组成，分别对割台的升降和减震，拨禾轮的升降，行走的无级变速，卸粮筒的回转，滚筒的无级变速及转向进行操纵和控制。

#### 5. 电气系统

电气系统分电源和用电两大部分。电源为一只 12V 6—Q—126 型蓄电池和一个九管硅整流发电机。用电部分包括启动马达、报警监视系统、拨禾轮调速电动机、燃油电泵、喷油泵电磁切断阀、电风扇、雨刷、照明装置等。

#### 6. 行走系统

由驱动、转向、制动等部分组成。驱动部分使用双级增扭液压无级变速，常压单片离合器，四挡变速箱，一级直齿传动边减系统。制动器分脚制动式和手制动式，为盘式双边制动器，由单独液力系统操纵。转向系统采用液力转向方式。

#### 7. 传动系统

动力由发动机左侧传出，经皮带或链条传动，传给割台、脱粒部分工作部件和行走部分。

#### 8. 操纵系统

操纵系统主要设置在驾驶室内，联合收割机工作过程如图 4—11 所示。

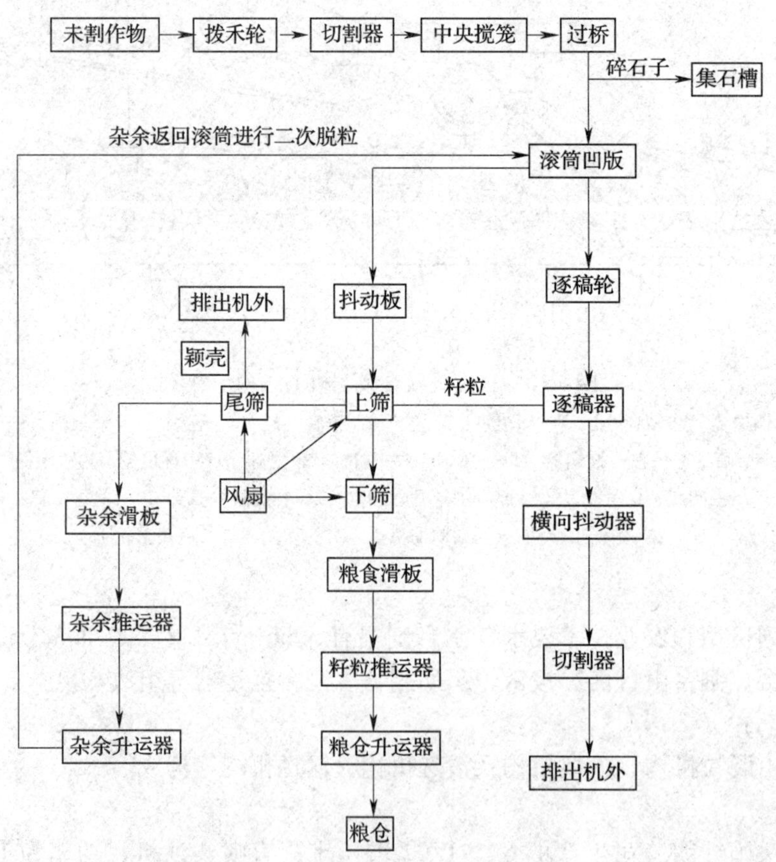


图 4—11　联合收割机谷物流程图

## 二、谷物联合收割机的使用调整

### 1．割台的使用调整

割台的作用是完成作物的切割和输送，普通割台的割幅有两种可供选择，分别是2.75 m和2.5 m，大豆割台是整体挠型割台，割幅是2.75 m，割台性能优良，可靠性强，优于同类机型。下面叙述的是普通型割台的使用，根据当地谷物收获的需要，自行选择割茬高度，通过升降来调整。一般割茬高度在100至200 mm之间，在允许的情况下，割茬应尽量高一些，有利于提高联合收获机的作用效率。

**（1）拨禾轮的使用与调整**

3080型联合收获机装配的是偏心弹齿式拨禾轮，这种拨禾轮性能优良，尤其是收获倒伏作物，它有多个调整项目，使用中应多加注意。

1）拨禾轮转速的调整有两处，一是链条传动，链条挂接在不同齿数的链轮上可以获得不同的转速；二是带传动，通过3根螺栓可以调整带盘的开度，调整后应重新张紧传动带。

2）拨禾轮转速的选择取决于主机行进速度，行进速度越快，拨禾轮转速越快。但应避免拨禾轮转速过高造成落粒损失。一般拨禾轮应稍微向后拨动一下作物，将作物平稳地铺放到割台上。

3）拨禾轮高度应与作物的高度相适应，通过液压手柄随时调整。为了平稳地输送作物，拨禾轮齿耙管应当拨在待割作物的重心处，即应拨在从割茬往上作物的大约2/3高处。保证作物平稳输送是割台使用的基本要求。

4）当收获倒伏作物时，在割台降低的同时，应将拨禾轮调整到很低的位置，拨禾轮上的弹齿可以非常接近地面，在拨禾轮相对主机速度较高的情况下，弹齿将倒伏作物提起，然后进行切割。

5）普通割台为了适应各种不同秸秆长度的要求，拨禾轮前后位置的调整范围较大。一般收获稻麦等短秸秆作物时，应将拨禾轮的位置调到支臂定位孔的后数第一、第二或第三个孔上，使拨禾轮与中央搅笼之间的距离变得较小，防止作物堆积，使喂入顺畅。

6）拨禾轮齿耙管上安装有许多弹齿，通过偏心装置能够调整其方向，弹齿方向一般应与地面垂直。当收获倒伏作物或者收获稀疏矮小作物时，应调整至向后倾斜，以利于作物的输送。弹齿方向的调整方法是松开两个可调螺栓，扳动偏心盘以改变弹齿方向，然后拧紧螺母。

7）拨禾轮支承轴承是滑动轴承，为防止缺油造成磨损，每天应向轴承注油一二次。

**（2）切割器的使用与调整**

切割器是往复式的，有较强的切割能力，可保证在10 km/h的作业速度下没有漏割现象。动刀片采用齿形自磨刃结构，刀片用铆钉铆在刀杆上，铆钉孔直径为5 mm。

在护刃器中往复运动的刀杆在前后方向上应当有一定的间隙。如果没有间隙，刀杆运动会受阻，但如果间隙过大，间隙中塞上杂物，刀杆的运动也会受阻。刀杆前后间隙应调整到约0.8 mm，调整时松开刀梁上的螺栓，向前或向后移动摩擦片即可。

动刀片与定刀片之间为切割间隙，此间隙一般为 0 ~ 0. 8 mm，调整时可以用手锤上下敲击护刃器，也可以在护刃器与刀梁之间加减垫片。

摇臂和球铰是振动量较大的零部件，每天应当对该处的 3 个油嘴注入润滑脂。

**（3） 中央搅笼的调整与使用**

中央搅笼及其伸缩齿与割台体构成推运器，调整好中央搅笼的位置和输送间隙能够使作物喂入顺利。

1）如果搅笼前方出现堆积现象，可向前和向下移动中央搅笼。调整时，松开两侧调整板螺栓，移动调整板，此时中央搅笼也随之移动。两侧间隙要调整一致，调整后要紧固好螺栓，并且要重新调整传动链条的松紧度。

2）如果中央搅笼的运动造成谷物回带，可适当后移中央搅笼，使搅笼叶片与防缠板之间间隙变小。

3）如果中央搅笼叶片与割台底板之间有堵塞现象，可通过搅笼调整板减小搅笼叶片下方的间隙。

4）伸缩齿与底板之间间隙越小，抓取能力越强，间隙可调整到 5 ~ 10 mm。调整部位是右侧的调整手柄，松开螺栓后，向上扳伸缩齿向下，向下扳伸缩齿向上，调整后紧固螺栓。

5）为了避免因为中央搅笼堵塞造成故障，在搅笼的传动轴上装有摩擦片式安全离合器，出厂时弹簧长度调整到 37 mm；作业中可根据具体情况适当调整。弹簧的紧度应当是正常运转时摩擦片不滑转，当中央搅笼堵塞，并且扭矩过大有可能造成损坏时，摩擦片滑转。安全离合器是干式的，不要加润滑油，否则无法使用。

**（4） 倾斜输送器（过桥）的使用与调整**

过桥将割台和主机衔接起来，并用输送器和链耙输送谷物。带动输送链的主动辊，其位置是固定的；被动辊的位置不确定，随着谷物的多少而浮动，在弹簧的作用下，浮动辊及其链耙始终压实作物，形成平稳的谷物流。

1）非工作时间的间隙。收获稻麦等小籽粒作物，浮动辊正下方链耙齿与过桥底板之间距离应为 3 ~ 5 mm；收获大豆等大籽粒作物时，这个间隙应为 15 ~ 18 mm。调整时拧动过桥两侧弹簧上端的螺母即可。

2）输送链预紧度的调整。打开检视口，用 150 N 的力向上提输送链，应能提起 20 ~ 35 mm，否则应拧动过桥两侧的调整螺栓，调整浮动辊的前后位置，使输送链紧度适宜。过桥的主动轴上有防缠板，不要拆除。

**2. 脱粒机构的使用与调整**

谷物经过倾斜输送器输送到由滚筒和凹板组成的脱粒机构后，在滚筒和凹板冲击、揉搓下，籽粒从秸秆上脱下，滚筒转速越高，凹板与滚筒之间的间隙越小，脱粒能力越强。反之，脱粒能力越弱。

针对不同作物的收获，脱粒滚筒有 1 200、1 000、900、833、760、706 和 578 r/min 7 种转速可供选择。上述 7 种转速是通过更换主动带轮与被动带轮来实现的，各转速相应的主、被动带轮外径（mm）为 385、275，355、305，330、305，330、330，305、330，305、355，275、380。收获小麦时，用 1 000 或 1 200 r/mim；收获水稻时，用 1 000、900、833、

760 或 706 r/min。收获水稻时用的是钉齿滚筒和钉齿凹板。为了发挥 3080 型收割机的最佳性能，收获大豆时需要更换传动件以改变滚筒转速。右侧三联带传动的两个三槽带盘，主动盘换成 $\phi$202 mm，被动盘换成 $\phi$332 mm，使分离滚筒转速变为 600 r/min，传动带由 S24314 型换成 D19002 型。第一滚筒传动带盘，主动盘换成 $\phi$305 mm，被动盘换成 $\phi$355 mm，使脱粒滚筒转速变为 706 r/min。第二滚筒左侧链传动的被动链轮由 25 齿换成 18 齿。过桥主动轴右侧带盘换成 $\phi$218 mm，传动带由 S60018 型换成 D19003 型。

使用中，发动机必须用大油门工作。如转速不足应检查发动机的空气滤清器和柴油滤清器是否堵塞，传动带是否过松。此外，收割机不要超负荷作业，否则将堵塞滚筒，清理堵塞很费时间。一旦滚筒堵塞，不要强行运转，否则会损坏滚筒的传动带，此时应将凹板间隙放大，从滚筒的前侧进行清理。

使用脱粒滚筒应遵循以下原则：

（1）收获前期或谷物潮湿时，凹板间隙调整手柄扳到相对靠上的位置，此时凹板间隙较小；收获的作物逐渐干燥，手柄应扳到靠下的位置，使凹板间隙大些。

（2）只要能够脱净，凹板间隙越大越好。是否脱净，要看第二滚筒的出草口是否夹带籽粒，如出草口不跑粮，证明籽粒已经脱净。用凹板调整手柄调整凹板间隙是一般的方法，也可以通过凹板吊杆调整凹板间隙，调整时，要两侧同时进行，保持间隙一致。

### 3. 分离机构的使用与调整

谷物经过脱粒滚筒时，大约有 75% ~85% 的籽粒被脱下，并且有少部分籽粒从凹板的栅格中分离出来。从滚筒凹板的出口处抛出的物料进入第二滚筒，即轴流滚筒，轴流滚筒具有复脱作用，同时完成籽粒的分离工作。在滚筒高速旋转的冲击和凹板配合的揉搓下，剩余籽粒被逐渐脱下，在离心力的作用下，籽粒和部分细小的物料在凹板中分离出来。构成轴流滚筒壳体的下半部分是栅格式凹板，上半部分是带有螺旋导向叶片的无孔滚筒壳体，稻草等物料在高速旋转的同时，在导向叶片的作用下，沿着轴向被推出滚筒的排草门。

在保证脱粒和分离性能的情况下，应使秸秆尽可能完整，从而使下一级的清选系统中的物料尽可能少一些，以减少清选系统的负荷。实现这一点的重要方法是尽可能使第一滚筒的脱粒能力弱一些。

分离滚筒与凹板间的间隙，在收获水稻时，应从一般的 40 mm 调整为 15 mm，调整后紧固螺母，并用手转动检查有无刮碰。

### 4. 清选系统的使用与调整

清选系统包括阶梯板、上筛、下筛、尾筛、风扇和筛箱等。阶梯板、上筛和尾筛装在上筛箱中，下筛装在下筛箱中，采用上、下筛交互运动方式，有效地消除了运动的冲击，平衡了惯性力，清选面积大，而且具有多种调整机构，通过调整能达到最佳清选效果。

#### （1）筛片开度的选择

鱼鳞筛筛片开度可以调整，调整部位是筛子下方的调整杆。所谓开度，是指每两片筛片之间的垂直距离。不同的作物应选择不同的开度。潮湿度大的选择较大的开度，潮湿度小的应选择较小的开度。一般上筛开度大些，下筛开度小些，尾筛的开度比上筛再稍微大一些。见表 4—4。

表 4—4　　筛片开度的参考值　　mm

| 作物 | 小麦 | 水稻 | 大豆 | 油菜 |
|---|---|---|---|---|
| 上筛 | 12 ~ 15 | 15 ~ 18 | 11 ~ 18 | 7 ~ 10 |
| 下筛 | 7 ~ 10 | 10 ~ 12 | 8 ~ 11 | 4 ~ 6 |
| 尾筛 | 14 ~ 16 | 15 ~ 18 | 11 ~ 18 | 10 ~ 14 |

**(2）风量大小的选择**

在各种物料中，颖壳密度最小，秸秆其次，籽粒最大。风扇的风量应当使密度较小的秸秆和颖壳几乎全部悬浮起来，与筛面接触的仅仅是籽粒和很少量的短秸秆，这时筛子负荷很小，粮食清洁。因此，选择风量时，只要籽粒不吹走，风量越大越好。

松开风扇轴端的螺母，卸下传动带带盘的动盘，在动定盘之间增加垫片，装上动盘，然后紧固螺母，用张紧轮重新张紧传动带，这样调整后，风扇转速提高，风量增大；用相反的方法调整，风量减小。

**(3）风向的选择**

为了使整个筛面上都有一个适宜的风量，在风扇的出风口安装了导风板，使较大的下侧风量向上分流，将风量合理地导向筛子的各个位置。

在风箱侧面设有导风板调整手柄，收获稻麦等小籽粒作物时，导风板手柄置于从上数第一、第二凸台之间，风向处于筛子的中前部；收获大籽粒作物时，导风板手柄置于第二、第三凸台之间或第三、第四凸台之间，风向处于筛子的中后部位。

**(4）杂余延长板的调整**

筛子下方有籽粒滑板和杂余滑板，在杂余滑板的后侧有一杂余延长板，它的作用是对尾筛后侧的籽粒或杂余进行回收，降低清选损失。杂余延长板的安装位置有 3 个，松开两个螺栓，该板可以向上或向下串动，位置合适后将两侧的销子插入某一个孔中。

在清选系统正确调整的情况下，应将销子插在后下孔中，这样安装的好处是使延长板与尾筛之间的距离相对大一些，在上筛和下筛之间的短秸秆能够顺利地从该处被风吹出来，避免了短秸秆被延长板挡在杂余滑板和杂余搅笼内，减少了杂余总量。

**(5）杂余总量的限制**

所谓杂余，是指脱粒机构没有脱下籽粒的小穗头，联合收割机设置了杂余回收和复脱装置。3080 型联合收割机这种杂余应当很少，如果杂余系统的杂余总量过多，则是非杂余成分如短秸秆和籽粒等进入了该系统，正确调整筛子开度、风量、风向以及杂余延长板，杂余量就会减少。杂余量过多会影响收割机的工作效果，而且加大杂余回收和复脱装置及其传动系统的负荷，可能会造成某些零部件的损坏，因此，保持杂余量较小是很重要的。

清选系统只有对各项进行综合调整，才能达到最佳状态。

**5. 粮箱和升运器的使用与调整**

(1）升运器输送链松紧度调整时，打开升运器下方活门，用手左右扳动链条，链条在链轮上能够左右移动，其紧度适宜。否则，可以通过升运器上轴的上下移动来调整：松开升运器壳体上的螺栓（一边一个），用扳子转动调整螺母，使升运器上轴向上或向下移动，直到调好后再重新紧固螺母。输送链过松会使刮板过早磨损；过紧，会使下搅笼轴损坏。

（2）升运器的传动带松紧度要适宜，过松要丢转，过紧也会损坏搅笼轴。

（3）粮箱容积为 1.9 $m^3$，粮满时应及时卸粮，否则可能损坏升运器等零部件。

（4）粮箱的底部有一粮食推运搅笼，流入搅笼内的粮食流动速度由卸粮速度调整板调定。调整板与底板之间间隙的选择要视粮食的干湿程度和粮食的含杂率而定，湿度大的粮食这个开度应小些，反之应大些；开度不要过大，以防卸粮过快，造成卸粮搅笼损坏。

带有卸粮搅笼的联合收割机在卸粮时，发动机应当使用大油门，并且要一次把粮卸完，卸粮之前要把卸粮筒转到卸粮位置，如果没转到卸粮位置就卸粮容易损坏万向节等零部件。

不带卸粮筒的收割机在卸粮时，要先让粮食自流，当自流减小时，再接合卸粮离合器。应当指出，必须这样做，否则将损坏推运搅笼等零部件。

### 6. 行走系统的使用与调整

行走系统包括发动机的动力输出端、行走无级变速器、增扭器、离合器、变速箱、末级传动和转向制动等部分。

**（1）动力输出端**

动力输出端通过一条双联传动带将动力传递给行走无级变速器，通过三联传动带将动力传递给脱谷部分等。动力输出半轴通过两个注油轴承支承在壳体上，注油轴承应定期注油。使用期间应注意检查壳体的温度，如果温度过高，应取下轴承检查或更换。

**（2）行走中间盘**

行走中间盘里侧是一双槽带轮，通过一条双联传动带与动力输出端带轮相连接。外侧是行走无级变速盘，在某一挡位下增大或减小行走速度就是通过它来实现的。它包括动盘、定盘、螺柱及油缸等件。

当要提高行走速度时，操纵驾驶室上的无级变速液压手柄，压力油进入油缸，推动油缸体，动盘向外运动，使动、定盘的开度变小，工作半径变大，行走速度提高。

拆变速带的方法：将无级变速器变到最大位置状态，将液压油管拆下，推开无级变速器的动盘，拆下变速带。

拆变速器总成的方法：拆下油缸，取出支板，拆下传动带，拧出螺栓，拆下变速器总成。

由于使用期间经常用无级变速，所以动、定盘轮毂之间需要润滑，它的润滑点在动盘上，要定期注油，否则会造成两轮毂过度磨损、无级变速失灵等故障。

**（3）增扭器**

自动增扭器既能实现无级变速，又能随着行走阻力的变化自动张紧和放松传动带，从而提高行走性能，延长机器零部件的使用寿命。

当增速时，行走带克服弹簧弹力，动盘向外运动，工作半径变小，实现大盘带小盘，行走速度增加。

当减速时，中间盘的油缸内的油无压力，增扭弹簧推动动盘向定盘靠拢，行走带推动中间盘的动盘、螺柱、油缸体向里运动，实现小盘带大盘，转速下降。

由于增扭器的动、定盘轮毂和推力轴承运动频繁，应定期注油，增扭器侧面有润滑油嘴。

**（4）离合器**

离合器属于单片、常压式、三压爪离合器，它与增扭器安装在一起。

拆卸时，应先拆下前轮轮胎和边减速器的两个螺栓，拧下增扭器端盖螺栓，取下端盖，松开变速箱主动轴端头的舌型锁片，卸下紧固螺母，然后取下离合器与增扭器总成。

如果需要分解，在分解离合器和增扭器之前，要在所有部件上打上对应的标记，以防组装时错位，因为它们整体作了动平衡校正，破坏了动平衡会损坏主动轴或变速带。

离合器拆装完以后应调整离合器间隙，调整时注意：保证3个分离压爪到离合器壳体加工表面的垂直距离为（27±0.5）mm，如距离不对或3个间隙不准、不一致可通过分离杠杆上的调整螺钉调整。

分离轴承是装在分离轴承架上的，轴承架与导套间经常有相对运动，所以应保证它的润滑。离合器上方的油杯是为该处润滑的，在工作期间每天应向里拧一圈。注意：这个油杯里装的是润滑脂，油杯盖拧到底后，应卸下，再向油杯里注满润滑脂。

离合器的使用要求是接合平稳、分离彻底。不要把离合器当做减速器使用，经常半踏离合器会导致离合器过热，造成损坏。有时离合器分离不彻底，可将离合器拉杆调短几毫米；也有可能是离合器连杆的联接锥销松动或失灵而造成的，应经常检查。

**（5）变速箱**

变速箱内有2根轴。它有3个前进挡，1个倒挡。Ⅰ挡速度为1.49～3.56 km/h；Ⅱ挡速度为3.442～7.469 km/h；Ⅲ挡速度为9.308～20.324 km/h；倒挡速度为2.86～7.92 km/h。

如果掉挡，应调整变速软轴。调整时，应先将变速杆置于空挡位置，然后再松开两根软轴的固定螺母，调整软轴长度，使变速手柄处于中间位置，紧固两根变速软轴，在驾驶室中检查各个挡位的情况。

对于新的收割机来说，变速箱工作100 h后应将齿轮油换掉，以后每过500 h更换一次。变速箱的加油口也是检查口，平地停车加油时应加到该口处流油为止。变速箱加的应是80W/90或85W/90齿轮油。末级传动的用油状况与变速箱相同。

**（6）制动机构**

制动机构上有坡地停车装置。如果收割机在坡地处停车，应踩下制动踏板，将锁片锁在驾驶台台面上，确认制动可靠后方可抬脚，正常行驶前应将锁片松开恢复到原来的状态。

制动器为蹄式，装在从动轴上。制动鼓与从动轴通过花键联接在一起，制动蹄则通过螺栓装在变速箱壳体上。当踏下踏板时，制动臂推动制动蹄向外张开，并与制动鼓靠紧，从而使从动轴停止转动，实现制动。制动间隙是制动蹄与制动鼓之间的自由间隙，反映到脚踏板上，其自由行程应为20～30 mm，调整部位是制动器下方的螺栓。使用期间应经常检查制动连杆部位有无松动现象，如有问题应及时解决，以保证行车安全。

**（7）转向轮桥**

这里需注意的是如何调整前束，正确调整转向轮前束可以防止轮胎过早磨损。调整时后边缘测量尺寸应比前边缘测量尺寸大6～8 mm，拧松两侧的紧固螺栓，转动转向拉杆即可调整转向前束。

**(8) 轮胎气压**

驱动轮胎压为 280 kPa，转向轮胎压为 240 kPa。

## 三、谷物联合收割机使用注意事项

### 1. 动力机构使用注意事项

发动机是收割机的关键部件，要保证发动机各个零部件的状态良好，并严格按照发动机使用说明书的要求使用。

**(1) 润滑系统的使用注意事项**

1) 机油油位的检查。取出油尺，油位应在上下刻线之间。如果低于下刻线，会影响整台发动机的润滑，应当补充机油，上边有机油加油口。如果油位高于上刻线，应当将油放出，下边有放油口，机油过多将会出现烧机油等故障。

2) 机油油号的选择。3080 型收割机所配发动机要求使用机油的等级是 CC 级（编者注：这里的 CC 级和下面的 CD 级均是指品质等级，我国和美国所用的品质等级代号相同）柴油机油，其中玉柴发动机推荐使用 CD 级机油，夏季使用 SAE40（编者注：这里的 SAE40 和下面的 SAE15W/40 等是指黏度等级，一般表示时不用前缀“SAE”。例如品质等级为 CD 级、黏度等级为 40 号的机油，直接写作 CD40 机油即可），冬季使用 SAE30 或 SAE20。也可使用 SAE15W/40，这种机油属于复合型机油，冬夏都可使用，机器出厂时加的就是 15W/40 机油。

3) 机器的换油周期。对于新车来说，运转 60 h 时换新机油，以后每运转 150 h 将油底壳的机油放掉，加入新机油，要求在热车状态下换机油。

**(2) 燃油系统使用注意事项**

1) 柴油油号的选择。发动机要求使用 0 号以上的轻柴油，油号是 0 号、—10 号、—20 号、—35 号，油号也表示这种柴油的凝点，所选用的牌号要根据当地气温而定，保证所选用柴油的凝点比环境温度要低 5℃以上。

2) 3080 型收割机油箱容量是 110 L，所加的柴油可达到滤网的下边缘，油箱不要用空。其下部是排污口。每天作业以后将沉淀 24 h 以上的柴油加入油箱，并在每天工作前，打开排污口，将沉淀下来的水和杂质放出。

3) 柴油滤清器的保养。工作期间应根据柴油的清洁度定期清理柴油滤清器，不要在柴油机功率不足、冒黑烟的情况下才进行清理。清理柴油机滤清器时，应卸下滤芯，用柴油清洗干净。

**(3) 冷却系统使用注意事项**

冷却系统是保证发动机有一正常工作温度的工作系统之一，它包括防尘罩、水箱、风扇和水泵等。

1) 冷却水位的检查。打开水箱盖，检查水位是否达到散热片上边缘处，如不足应补充，否则将引起发动机高温。

2) 冷却水的添加。停车加满水后，启动发动机，暖车后水箱的液面会下降，必须进行二次加水，否则将引起发动机高温。

3) 发动机有 3 个放水阀，分别在机体上、水箱下、机油散热器下，结冻前必须打开 3

个放水阀把所加的普通水放掉。

**(4) 进气系统的使用注意事项**

进气系统是向发动机提供充足、干净空气的系统，为了达到这个目的，进气系统安装了粗滤器。粗滤器可以滤除空气中的大粒灰尘，保养时应经常清理皮囊内的灰尘。如发现发动机排气系统冒黑烟，并且功率不足，应清理空气细滤器，拧下端盖旋钮，取下端盖，然后取出滤芯清理。一般情况下，用简单保养方法即可：放在轮胎上，轻轻地拍击以除去灰尘。一般每天要进行两次保养。

**2. 液压系统使用注意事项**

3080 型联合收割机的液压系统操纵的是割台升降、拨禾轮升降、行走无级变速和行走转向 4 部分，是将发动机输出的机械能通过液压泵转换成液压能，通过控制阀，液压油再去推动油缸，从而重新转变成机械能去操纵相关部分。系统压力的大小取决于工作部件的负荷，即压力随着负载大小而变化。

(1) 液压系统要求使用规定的液压油，品种和牌号是 N46 低凝稠化液压油，不可使用低品质液压油或其他油料，否则系统就会产生故障。

(2) 液压油在循环中将源源不断地产生热量，油箱也是散热器，必须保证油箱表面的清洁以免影响散热，油箱容积是 15 L。

(3) 在各工作油缸全部缩回时，将油加到加油口滤网底面上方 10 ~ 40 mm。要求 500 h 或收获季节结束时换液压油，同时更换滤清器。

(4) 更换滤清器时可以手用力拧，也可用加力杠杆拧下。滤清器与其座之间的密封件要完好，安装前在密封件上应涂润滑油。拧紧时要在密封件刚刚压紧后再紧 3/4 ~ 4/5 圈，不要过紧，运转时如果漏油，可再紧一下。

(5) 液压手柄在使用操作后应当能够自动回中，否则会使液压系统长时间高压回油，产生高温，造成零部件损坏。液压系统正常的使用温度不应超过 60℃。

全液压转向机工作省力，正常使用动力转向只需 5 N · m 的扭矩，如果出现转向沉重现象应排除故障。

转向沉重的可能原因如下：液压油油量偏少；液压油牌号不正确或变质；液压泵内泄较严重；转向盘舵柱轴承生锈；转向机人力转向的补油阀封闭不严；转向机的安全阀有脏物卡住或压力偏低。

转向失灵的可能原因如下：弹片折断；拨销折断；联动轴开口处折断或变形；转子与联动轴的相互位置装错；双向缓冲阀失灵；转向油缸失灵。

另外，要注意转向机进油管和回油管的位置不可相互接反，否则将损坏转向机。

新装转向机的管路内常存有空气，在启动之前要反复向两个方向快速转动转向盘以排气。

**3. 电气系统使用注意事项**

3080 型联合收割机的电气系统采用负极搭铁，直流供电方式，电压是 12 V。

电气系统包括电源部分、启动部分、仪表部分和信号照明部分等，合理、安全使用电气部分有重要意义。

(1) 启动用蓄电池型号是 6—Q—165。要经常检查电解液液面高度，电解液液面高度应高于极板 10 ~ 15 mm，如果因为泄漏而液面降低，应添加电解液，电解液的密度一般是 1.285；如果因为蒸发而液面降低，应添加蒸馏水。禁止添加浓硫酸或者质量不合格的电解液以及普通水。

（2）在非收获季节，要将蓄电池拆下，放在通风干燥处，每月充电一次。6—Q—165 型蓄电池用不大于 16.5 A 的电流充电。

（3）启动发动机以后，启动开关应能自动回位，如果不能自动回位，需要修理或更换，否则将烧毁启动电机。

（4）启动电机每次启动时间不允许超过 10 s，每次启动后需停 2 min 再进行第二次启动，连续启动不可超过 4 次。

（5）发电机是硅整流三相交流发电机，与外调节器配套使用。禁止用对地打火的方法检查发电机是否发电，要注意清理发电机上的灰尘和油垢。

（6）保险丝有总保险和分保险两种。总保险在发动机上，容量为 30 A；分保险在驾驶座下。禁止使用导线或超过容量的保险丝代替，以保证安全。

（7）使用前和使用中，注意检查各导线与电器的连接是否松动，是否保持良好接触。此外，应杜绝正极导线裸露搭铁，以保安全。

## 四、常见故障及排除方法

### 1. 收割台部分故障及排除方法

收割台部分故障及排除方法见表 4—5。

表 4—5　　收割台部分故障及排除方法

| 常见故障 | 故障原因 | 排除方法 |
|---|---|---|
| 割刀堵塞 | 1. 遇到石块、木棍、钢丝等障碍物<br>2. 动、定刀片间隙过大，塞草<br>3. 刀片或护刃器损坏<br>4. 作物茎秆太低、杂草过多<br>5. 动、定刀片位置不“对中” | 1. 立即停车，清理故障物<br>2. 正确调整刀片间隙<br>3. 更换损坏刀片或护刃器<br>4. 适当提高割茬<br>5. 重新“对中”调整 |
| 切割器刀片及护刃器损坏 | 1. 硬物进入切割器<br>2. 护刃器变形<br>3. 定刀片高低不一致<br>4. 定刀片铆钉松动 | 1. 清除硬物、更换损坏刀片<br>2. 校正或更换护刃器<br>3. 重新调整定刀片，使高低一致<br>4. 重新铆接定刀片 |
| 割刀木连杆折断 | 1. 割刀阻力太大（如塞草、护刃器不平、刀片断裂、变形、压刃器无间隙）<br>2. 割刀驱动机构轴承间隙太大<br>3. 木连杆固定螺钉松动<br>4. 木材质地不好 | 1. 排除引起阻力太大的故障<br>2. 更换磨损超限的轴承<br>3. 检查、紧固螺钉<br>4. 选用质地坚实硬木作木连杆 |

续表

| 常见故障 | 故障原因 | 排除方法 |
| --- | --- | --- |
| 刀杆（刀头）折断 | 1．割刀阻力太大<br>2．割刀驱动机构安装调整不正确或松动 | 1．排除引起阻力太大的故障<br>2．正确安装调整驱动装置 |
| 收割台前堆积作物 | 1．割台搅笼与割台底间隙太大<br>2．茎秆短、拨禾轮太高或太偏前<br>3．拨禾轮转速太低、机器前进速度太快<br>4．作物短而稀 | 1．按要求视作物长势，合理调整间隙<br>2．尽可能降低割茬，适当调整拨禾轮高、低、前、后位置<br>3．合理调整拨禾轮转速和收割机的前进速度<br>4．适当提高机器前进速度 |
| 作物在割台搅笼上架空喂入不畅 | 1．机器前进速度偏快<br>2．拨指伸出位置不正确<br>3．拨禾轮离喂入搅笼太远 | 1．降低机器前进速度<br>2．应使拨指在前下方时伸入最长<br>3．适当后移拨禾轮 |
| 拨禾轮打落籽粒太多 | 1．拨禾轮转速太高<br>2．拨禾轮位置偏前打击次数多<br>3．拨禾轮高打击穗头 | 1．降低拨禾轮转速<br>2．后移拨禾轮<br>3．降低拨禾轮高度 |
| 拨禾轮翻草 | 1．拨禾轮位置太低<br>2．拨禾轮弹齿后倾角偏大<br>3．拨禾轮位置偏后 | 1．调高拨禾轮工作位置<br>2．按要求调整拨禾轮弹齿角度<br>3．拨禾轮适当前移 |
| 拨禾轮轴缠草 | 1．作物长势蓬乱<br>2．茎秆过高、过湿、草多<br>3．拨禾轮偏低 | 1．停车排除缠草<br>2．停车排除缠草<br>3．适当提高拨禾轮位置 |
| 被割作物向前倾倒 | 1．机器前进速度偏高<br>2．拨禾轮转速偏低<br>3．切割器上拥土堵塞<br>4．动刀片切割往复速度太低 | 1．适当降低收割速度<br>2．适当调高拨禾轮转速<br>3．清理切割器拥土，适当提高割茬<br>4．调整驱动皮带张紧度 |
| 倾斜输送器链耙拉断 | 1．链耙失修、过度磨损<br>2．链耙调整过紧<br>3．链耙张紧调整螺母未靠在支架上，而是靠在角钢上 | 1．修理或更换新耙齿<br>2．按要求调整链耙张紧度<br>3．注意调整螺母一定要靠在支架上，保证链耙有回缩余量 |

### 2．脱谷部分故障及排除方法

脱谷部分故障及排除方法见表4—6

**表 4—6　　脱谷部分故障及排除方法**

| 常见故障 | 故障原因 | 排除方法 |
|---|---|---|
| 滚筒堵塞 | 1. 喂入量偏大发动机超负荷<br>2. 作物潮湿<br>3. 滚筒凹板间隙偏小<br>4. 发动机工作转速偏低严重变形 | 1. 停车熄火清除堵塞作物<br>2. 控制喂入量，避免超负荷，适时收割<br>3. 合理调整滚筒间隙<br>4. 发动机一定要保证额定转速工作 |
| 滚筒脱粒不净率偏高 | 1. 发动机转速不稳定，滚筒转速忽高忽低<br>2. 凹板间隙偏大<br>3. 超负荷作业<br>4. 纹杆或凹板磨损超限或严重变形<br>5. 作物收割期偏早<br>6. 收水稻仍采用收麦的工作参数 | 1. 保证发动机在额定转速下工作，将油门固定牢固，不准用脚油门<br>2. 合理调整间隙<br>3. 避免超负荷作业，根据实际情况控制作业速度，保证喂入量稳定、均匀<br>4. 更换磨损超限和变形的纹杆、凹板<br>5. 适期收割<br>6. 收水稻一定采用收水稻的工作参数 |
| 谷粒破碎太多 | 1. 滚筒转速过高<br>2. 滚筒间隙过小<br>3. 作物“口松”、过熟<br>4. 杂余搅笼籽粒偏多<br>5. 复脱器装配调整不当 | 1. 合理调整滚筒转速<br>2. 适当放大滚筒凹板间隙<br>3. 适期收割<br>4. 合理调整清选室风量、风向及筛片开度<br>5. 依实际情况调整复脱器搓板数 |
| 既脱不净又破碎较多，甚至有漏脱穗 | 1. 纹杆、凹板弯曲扭曲变形严重<br>2. 板齿滚筒转速偏高，而板齿凹板齿面未参与工作<br>3. 板齿滚筒转速偏低，而板齿凹板齿面参与工作<br>4. 活动凹板间隙偏大，滚筒转速偏高<br>5. 轴流滚筒转速偏高 | 1. 更换纹杆、凹板<br>2. 滚筒保持额定转速工作，将凹板齿面调至工作状态<br>3. 滚筒保持额定转速工作<br>4. 规范调整滚筒转速和凹板间隙<br>5. 降低轴流滚筒转速至标准值 |
| 滚筒转速不稳定或有异常声音 | 1. 喂入量不均匀，存在瞬时超负荷现象<br>2. 滚筒室有异物<br>3. 螺栓松动、脱落或纹杆损坏<br>4. 滚筒不平衡<br>5. 滚筒产生轴间窜动与侧臂产生摩擦<br>6. 轴承损坏 | 1. 灵活控制作业速度、避免超负荷作业，保证喂入量均匀、稳定<br>2. 停车、熄火排除滚筒室异物<br>3. 停车、熄火重新紧固螺栓，更换损坏纹杆<br>4. 重新平衡滚筒<br>5. 调整并紧固牢靠<br>6. 更换轴承 |

续表

| 常见故障 | 故障原因 | 排除方法 |
|---|---|---|
| 排出的茎秆中夹带籽粒偏多 | 1. 逐稿器（键式）曲轴转速偏低或偏高<br>2. 键面筛孔堵塞<br>3. 挡草帘损坏、缺损<br>4. 横向抖草器损坏<br>5. 作物潮湿、杂草多<br>6. 超负荷作业 | 1. 保证曲轴转速在规定范围内（$R=50$ mm 时，$n=180\sim220$ r/min）<br>2. 经常检查，清除堵塞物<br>3. 修复补齐挡草帘<br>4. 修复抖草器<br>5. 适期收割<br>6. 控制作业速度，保证喂入量均匀不超负荷作业 |
| 排出的杂余中籽粒含量偏高 | 1. 筛片开度偏小<br>2. 风量偏大籽粒被吹出机外<br>3. 喂入量偏大<br>4. 滚筒转速高，脱粒间隙小茎秆太碎<br>5. 风量、风向调整不当 | 1. 适当调大筛片开度<br>2. 合理调整风量<br>3. 减小喂入量<br>4. 控制滚筒在额定转速下工作，适当调大脱粒间隙<br>5. 合理调整风量风向 |
| 逐稿器木轴瓦有声响 | 1. 木轴瓦间隙过大<br>2. 木轴瓦螺栓松动 | 1. 调整木轴瓦间隙<br>2. 拧紧松动的螺栓 |
| 粮食中含杂偏高 | 1. 上筛前端开度大<br>2. 风量偏小，风向调整不当 | 1. 适当减小筛片开度<br>2. 适当调大风量和合理调整风向 |
| 杂余中粮粒太多 | 1. 风量偏小<br>2. 下筛开度偏大<br>3. 尾筛后部抬得过高 | 1. 加大风量<br>2. 减小下筛开度<br>3. 降低尾筛后端高度 |
| 粮食穗头太多 | 1. 上筛前端开度太大<br>2. 风量太小<br>3. 滚筒纹杆弯曲、凹板弯曲扭曲变形严重<br>4. 钉齿滚筒钉齿凹板装配不符合要求，偏向一侧<br>5. 复脱器搓板少，或磨损 | 1. 适当调整减小筛片开度<br>2. 合理调大风量<br>3. 更换损坏的纹杆或凹板<br>4. 调整装配关系，保证每个钉齿两侧间隙大小一致<br>5. 修复复脱器，增加搓板。更换磨损超限的搓板 |
| 升运器堵塞 | 1. 刮板链条过松<br>2. 皮带打滑<br>3. 作物潮湿 | 1. 停车熄火排除堵塞，调整链条紧度<br>2. 张紧皮带紧度<br>3. 适期收割 |
| 复脱器堵塞 | 1. 安全离合器弹簧预紧力小<br>2. 皮带打滑<br>3. 作物潮湿<br>4. 滚筒脱出物太碎、杂余太多 | 1. 停机熄火，清除堵塞，安全弹簧预紧力调至标准<br>2. 调整皮带紧度<br>3. 适期收割<br>4. 合理调整滚筒转速和脱粒间隙 |

### 3. 行走系统故障及排除方法

行走系统故障及排除方法见表4—7。

表4—7 行走系统故障及排除方法

| 常见故障 | 故障原因 | 排除方法 |
| --- | --- | --- |
| 行走离合器打滑 | 1. 分离杠杆不在同一平面内<br>2. 分离轴承注油太多、摩擦片进油<br>3. 摩擦片磨损超限，弹簧压力降低，或摩擦片铆钉松动<br>4. 压盘变形 | 1. 调整分离杠杆螺母<br>2. 注意不要注油太多。彻底清洗摩擦片<br>3. 更换磨损的摩擦片<br>4. 更换变形压盘 |
| 行走离合器分离不清 | 1. 分离杠杆与分离轴承之间间隙偏大，主被动盘分离不彻底<br>2. 分离杠杆和分离轴承间隙不等，主被动盘不能彻底分离<br>3. 分离轴承损坏 | 1. 调整其间隙至标准<br>2. 检查调整其间隙，分离杠杆指端应在同一平面内，偏差不大于 ±0.5 mm，否则应更换膜片弹簧<br>3. 更换分离轴承 |
| 挂挡困难或掉挡 | 1. 离合器分离不彻底<br>2. 小制动器制动间隙偏大<br>3. 工作齿轮啮合不到位<br>4. 换挡轴锁定机构不能定位<br>5. 推拉软轴拉长 | 1. 及时调整离合器分离轴承间隙<br>2. 及时调整小制动器间隙<br>3. 调整软轴长度<br>4. 调整锁定机构弹簧预紧力<br>5. 调整推拉软轴调整螺母 |
| 变速箱工作有响声 | 1. 齿轮严重磨损<br>2. 轴承损坏<br>3. 润滑油油面不足或油号不对 | 1. 更换新齿轮<br>2. 更换新轴承<br>3. 检查油面和油型 |
| 变速范围达不到 | 1. 变速油缸工作行程达不到要求<br>2. 变速油缸工作时不能定位<br>3. 动盘滑动副缺油卡死<br>4. 行走皮带拉长打滑 | 1. 系统内泄，送修理厂检修<br>2. 系统内泄，送修理厂检修<br>3. 及时润滑<br>4. 调整无级变速轮张紧架 |
| 最终传动齿轮室有异声 | 1. 边减半轴窜动<br>2. 轴承没注油或进泥损坏<br>3. 轴承座螺栓和紧定套未锁紧 | 1. 检查边减半轴固定轴承和轮轴固定螺钉<br>2. 更换轴承，清洗边减齿轮<br>3. 拧紧螺栓和紧定套 |

续表

| 常见故障 | 故障原因 | 排除方法 |
| --- | --- | --- |
| 行走无级变速器皮带过早磨损和拉断 | 1. 产品质量差<br>2. 叉架与机器侧臂不平行，叉架轴与叉架套装配间隙过大<br>3. 中间盘盘毂与边盘盘毂间隙过大，工作中中间盘摆动<br>4. 限位挡块调整不当，超过正常无级变速范围，三角带常落入中间盘与边盘的斜面内部，皮带局部受夹、打滑<br>5. 三角皮带太松，产生剧烈抖动打滑<br>6. 驱动轮（或履带）沾泥挤泥，污染三角带造成打滑<br>7. 行走负荷重（阴雨泥泞） | 1. 选用合格产品<br>2. 装配时保证叉架与机器侧臂的平行和叉架轴与叉架套配合间隙正确<br>3. 调整正确的装配间隙<br>4. 正确调整挡块位置<br>5. 注意随时调整三角带张紧度<br>6. 经常清理驱动轮沾泥<br>7. 行走负荷重时，应停车变速，尽量避免重负荷时使用无级变速 |

## 4. 液压系统常见故障及排除方法

液压系统常见故障及排除方法见表4—8。

**表4—8　液压系统常见故障及排除方法**

| 常见故障 | 故障原因 | 排除方法 |
| --- | --- | --- |
| 液压系统所有油缸接通分配器时，不能工作 | 1. 油箱油位过低<br>2. 油泵未压油<br>3. 安全阀的调整和密封不好<br>4. 分配阀位置不对<br>5. 滤清器被脏物堵塞 | 1. 加油至标准位置<br>2. 检查修理油泵<br>3. 调整或更换<br>4. 检查调整<br>5. 清洗滤清器 |
| 割台和拨禾轮升降迟缓或根本不能升降 | 1. 溢流阀工作压力偏低<br>2. 油路中有空气<br>3. 滤清器被脏物堵塞<br>4. 齿轮泵内泄<br>5. 齿轮泵传动带未张紧<br>6. 油缸节流孔堵塞<br>7. 油管漏油或输油不畅 | 1. 按要求调整溢流阀工作压力<br>2. 排气<br>3. 清洗滤清器<br>4. 检查泵内卸压片密封圈和泵盖密封圈<br>5. 按要求张紧传动带<br>6. 卸开油缸接头、清除脏物<br>7. 更换油管 |
| 收割台或拨禾轮升降不平稳 | 油路中有空气 | 在油缸接头处排气 |

续表

| 常见故障 | 故障原因 | 排除方法 |
| --- | --- | --- |
| 割台升不到所需高度 | 油箱内油太少 | 加至规定油面 |
| 割台和拨禾轮在升起位置时自动下降 | 1. 油缸密封圈漏油<br>2. 分配阀磨损漏油或轴向位置不对<br>3. 单向阀密封不严 | 1. 更换密封圈<br>2. 修复或更换滑阀及操纵机构<br>3. 研磨单向阀锥面及更换密封胶圈 |
| 油箱内有大量泡沫 | 1. 油箱进入空气或水<br>2. 油泵内漏吸入空气 | 1. 拧紧吸油管，修复油泵密封件，更换油封，有水时应更换新油<br>2. 检查并加以密封 |
| 液压转向跑偏 | 1. 转向器拔销变形或损坏<br>2. 转向弹簧片失效<br>3. 联动轴开口变形 | 送专业修理厂 |
| 液压转向慢转轻、快转重 | 油泵供油不足，油箱不满 | 检查油泵工作是否正常，保证油面高度 |
| 方向盘转动时，油缸时动时不动 | 转向系统油路中有空气 | 排气并检查吸油管路是否漏气 |
| 转向沉重 | 1. 油箱不满<br>2. 油液黏度太大<br>3. 分流阀的安全阀工作压力过低或被卡住<br>4. 阀体、阀套、阀芯之间有脏物卡住<br>5. 阀体内钢球单向阀失效 | 1. 加油至要求油面<br>2. 使用规定油液<br>3. 调整、清洗分流阀的安全阀<br>4. 清洗转向机<br>5. 如钢球丢失，应重补装钢球；如有脏物卡住，应清洗钢球 |
| 安全阀压力偏低或偏高 | 1. 安全阀开启压力调整不合适<br>2. 弹簧变形，压力偏小或过大 | 1. 在公称流量情况下，调安全阀压力<br>2. 检查弹簧技术状态和安装尺寸，增加或减少调压垫片 |
| 稳定公称流量过大 | 1. 分流阀阀芯被杂质卡住<br>2. 分流阀阀芯弹簧压缩过大<br>3. 阀芯阻尼孔堵塞 | 1. 清洗阀芯，更换液压油<br>2. 检查装配情况，调整弹簧压力<br>3. 清洗阻尼孔道，更换清洁液压油 |

续表

| 常见故障 | 故障原因 | 排除方法 |
|---|---|---|
| 稳定公称流量偏低 | 1. 配套油泵容积效率下降，油泵在发动机低速时，供油不足，低于稳定公称流量<br>2. 分流阀阀芯或安全阀阀芯被杂质卡住<br>3. 阀芯弹簧或安全阀弹簧损坏或变形<br>4. 分流阀阀芯或安全阀阀芯磨损，间隙过大，内漏增大<br>5. 安全阀阀座密封圈损坏 | 1. 更换或修复油泵<br>2. 清洗阀芯，并更换清洁液压油<br>3. 更换新弹簧<br>4. 更换新阀芯<br>5. 更换新密封圈 |
| 转向失灵、方向盘不能自动回中 | 弹簧片折断 | 更换新品 |
| 方向盘压力振摆明显增加，甚至不能转动 | 拔销或联动器开口折断或变形 | 更换损坏件 |
| 方向盘回转或左右摆动 | 转子与联动器相互位置装错 | 将联动器上带冲点的齿与转子花键孔带冲点的齿相啮合 |
| 油泵工作时噪声过大 | 1. 油箱中油面过低<br>2. 吸油路不畅通<br>3. 吸油路密封不严吸入空气 | 1. 加油至要求油面高度<br>2. 检查疏通不畅油路<br>3. 检查并加以密封 |
| 卡套式接头漏油 | 被连接管未对正接头体，或螺母未按正确方法拧紧 | 被连接管对准接头体内正推端面。然后边拧紧螺母，边转动管子，当转子不能转动时，继续旋紧螺母 1～4/3 圈为宜。安装前卡套刃口端面与管口端面预留 6 mm 左右距离，拧接头时，不准扭转管子 |
| 无级变速器油缸进退迟缓 | 1. 溢流阀工作压力偏低<br>2. 油路中有空气<br>3. 滤清器堵塞<br>4. 齿轮泵内漏<br>5. 齿轮泵传动皮带松<br>6. 油缸节流孔堵塞 | 1. 按要求调溢流阀工作压力至标准<br>2. 排气<br>3. 清洗滤清器<br>4. 检查更换密封圈<br>5. 张紧传动皮带<br>6. 卸掉油缸接头，清除脏物 |

续表

| 常见故障 | 故障原因 | 排除方法 |
| --- | --- | --- |
| 无级变速器换向阀居中，油缸自动退缩 | 1．油缸密封圈失效<br>2．阀体与滑阀因磨损或拉伤间隙增大，油温高，油黏度低<br>3．滑阀位置没有对中<br>4．单向阀（锥阀）密封带磨损或沾脏物 | 1．更换密封圈<br>2．送专业厂修理或更换滑阀，油面过低加油，选择适合的液压油<br>3．使滑阀位置保持对中<br>4．更换单向阀或清除污物 |
| 无级变速器油缸进退速度不平稳 | 1．油路中有空气<br>2．溢流阀工作不稳定<br>3．油缸节流孔堵塞 | 1．排气<br>2．更换新弹簧<br>3．卸开接头、清除污物 |
| 熄火转向时，方向盘转动而油缸不动（不转动） | 转子和定子的径向间隙或轴向间隙过大 | 更换转子 |

### 5．电气系统故障及排除方法

电气系统故障及排除方法见表4—9

**表4—9　电气系统故障及排除方法**

| 常见故障 | 故障原因 | 排除方法 |
| --- | --- | --- |
| 蓄电池经常供电不足 | 1．发电机或调节器有故障，没有充电电流<br>2．充电线路或开关触点锈蚀，接头松动，充电电阻增高<br>3．蓄电池极板变形短路<br>4．蓄电池内电解液太少或比重不对<br>5．发电机皮带太松 | 1．检修发电机、调节器<br>2．清除触点锈蚀、拧紧各接线头<br>3．更换干净电解液，更换变形极板<br>4．添加电解液至标准，检查比重<br>5．张紧皮带 |
| 蓄电池过量充电 | 调节器不能维持所需要的充电电压 | 调整或更换调节器 |
| 蓄电池充电不足（充不进电） | 1．极板硫化严重<br>2．电解液不纯<br>3．极板翘曲 | 1．更换极板<br>2．更换纯度高的电解液<br>3．更换新极板 |

续表

| 常见故障 | 故障原因 | 排除方法 |
| --- | --- | --- |
| 起动机不转 | 1. 保险丝熔断<br>2. 接头接触不良或断路<br>3. 蓄电池没电或电压太低<br>4. 电刷、换向器或电源开关触点接触不良<br>5. 起动电机内部短路或线圈烧毁 | 1. 更换保险丝<br>2. 检查清理接头、触点和线路<br>3. 蓄电池充电或更换新蓄电池<br>4. 调整电刷弹簧压力，清理各接触点<br>5. 更换新起动机 |
| 起动机有吸铁声，但无力启动发动机 | 1. 蓄电池电压过低<br>2. 电源开关的铁芯行程不对<br>3. 环境温度太低<br>4. 起动机内部故障 | 1. 充电、补充电解液，或更换新蓄电池<br>2. 通过偏心螺钉调整<br>3. 更换新起动机<br>4. 更换新起动机 |
| 发动机启动后，齿轮不能退出 | 1. 开关钥匙没回位<br>2. 电源开关的触点熔在一起<br>3. 电源开关行程没调好 | 1. 启动后，开关钥匙应立即回位<br>2. 锉平或用砂纸打光触点<br>3. 调整偏心螺钉 |
| 发电机不能发电或发电不足 | 1. 线路接触不良或接错<br>2. 定子或转子线圈损坏<br>3. 电刷接触不良<br>4. 调节器损坏<br>5. 皮带太松 | 1. 对照电路图和接线图检查并保证各接点接触良好<br>2. 换新发电机<br>3. 调整或换新炭刷<br>4. 换新调节器<br>5. 张紧皮带 |
| 仪表不指示 | 1. 线路接触不良<br>2. 保险丝熔断<br>3. 传感器损坏 | 1. 检查并拧紧螺钉<br>2. 换新保险丝<br>3. 换新传感器 |
| 灯泡不亮 | 1. 开关损坏，线路接触不好<br>2. 保险丝熔断，灯泡坏 | 1. 换新开关，检查拧紧各接触点<br>2. 换相同规格保险丝，换灯泡 |

### 6. 发动机常见故障及排除方法

发动机常见故障及排除方法见表 4—10。

表 4—10 发动机常见故障及排除方法

| 常见故障 | 故障原因 | 排除方法 |
| --- | --- | --- |
| 发动机启动困难或不能启动 | 1. 无燃油<br>2. 油水分离器滤芯堵塞<br>3. 燃油系统内有水、污物或空气<br>4. 燃油滤芯堵塞<br>5. 燃油牌号不正确<br>6. 启动回路阻抗过高<br>7. 曲轴箱机油黏度值过高<br>8. 喷油嘴有污物或失效<br>9. 喷油泵失效<br>10. 发动机内部问题 | 1. 加油，并给供油系统排气<br>2. 清洗或更换新滤芯<br>3. 定期放油箱沉淀，加清洁燃油，排气<br>4. 更换滤芯、排气<br>5. 使用适合于使用条件的燃油<br>6. 清理、紧固蓄电池及起动继电器上的线路<br>7. 换用黏度和质量合格的机油<br>8. 修理或更换新油嘴<br>9. 送修理厂修理、校正油泵<br>10. 送修理厂修理 |
| 发动机工作时震动大（不平稳） | 1. 机油不足<br>2. 燃油系统进气<br>3. 供油提前角不正确<br>4. 喷油器阀体烧毁黏着<br>5. 发动机内部问题 | 1. 添加对号机油至标准油面<br>2. 排气<br>3. 送专业厂（所）修理<br>4. 送专业厂（所）修理<br>5. 送专业厂（所）修理 |
| 发动机运转不稳定，经常熄火 | 1. 冷却水温太低<br>2. 油水分离器滤芯堵塞<br>3. 燃油滤芯堵塞<br>4. 燃油系统内有水、污物或空气<br>5. 喷油嘴有污物或失效<br>6. 供油提前角不正确<br>7. 气门推杆弯曲或阀体黏着 | 1. 运转预热水温超过 60℃时工作<br>2. 更换滤芯<br>3. 更换滤芯并排气<br>4. 排气、冲洗重新加油并排气<br>5. 送专业厂（所）修理<br>6. 送专业厂（所）修理<br>7. 送专业厂（所）修理 |
| 发动机功率不足 | 1. 供油量偏低<br>2. 进气阻力大<br>3. 油水分离器滤芯堵塞<br>4. 发动机过热 | 1. 检查油路是否通畅，是否有气，校正油泵<br>2. 清洁空气滤清器<br>3. 更换滤芯<br>4. 参看“发动机过热故障”排除 |
| 发动机过热 | 1. 冷却水不足<br>2. 散热器或旋转罩堵塞<br>3. 旋转罩不转动<br>4. 风扇传动带松动或断裂<br>5. 冷却系统水垢太多<br>6. 节温器失灵<br>7. 真空除尘管堵塞<br>8. 风扇转速低<br>9. 风扇叶片装反 | 1. 加满水，并检查散热器及软管是否渗漏<br>2. 清理散热器和旋转罩（防尘罩）<br>3. 传动带脱落或断裂，更换<br>4. 更换损坏传动带<br>5. 彻底清洗、排垢<br>6. 更换新品<br>7. 清理除尘管<br>8. 调整皮带紧度<br>9. 重新正确装配 |

续表

| 常见故障 | 故障原因 | 排除方法 |
| --- | --- | --- |
| 机油压力偏低 | 1. 机油液面低<br>2. 机油牌号不正确<br>3. 机油散热器堵塞<br>4. 油底壳机油污物多，吸油滤网堵塞 | 1. 加至标准液面<br>2. 更换正确牌号机油<br>3. 清除堵塞或送专业人员修理<br>4. 更换清洁机油，清洗滤网 |
| 发动机机油消耗过大 | 1. 进气阻力大<br>2. 系统有渗漏<br>3. 曲轴箱机油黏度低<br>4. 机油散热器堵塞<br>5. 拉缸或活塞环对口<br>6. 发动机压缩系统磨损超限 | 1. 检查清理空气滤清器，清理进气口<br>2. 检查管路、密封件和排放塞等是否渗漏<br>3. 换用标号正确的机油<br>4. 清理堵塞<br>5. 送专业人员修理<br>6. 送专业人员修理 |
| 发动机燃油耗量过高 | 1. 空气滤清器堵塞或有污物<br>2. 燃油标号不对<br>3. 喷油器上有污物或缺陷<br>4. 发动机正时不正确<br>5. 油泵供油量偏大<br>6. 供油系统渗漏严重 | 1. 清除堵塞、清理过滤元件<br>2. 换用标号正确燃油<br>3. 送专业人员修理<br>4. 送专业人员修理，重新调整正时<br>5. 送专业人员修理，重调标准供油量<br>6. 检查清理排气不畅 |
| 发动机冒黑烟或灰烟 | 1. 空气滤清器堵塞<br>2. 燃油标号不正确<br>3. 喷油器有缺陷<br>4. 油路内有空气<br>5. 油泵供油量偏大<br>6. 供油系统渗漏 | 1. 清除堵塞<br>2. 更换符合要求标号燃油<br>3. 换新件或送专业人员修理<br>4. 排气<br>5. 检查清理排气不畅<br>6. 请专业人员修理 |
| 发动机冒白烟 | 1. 发动机机体温度太低<br>2. 燃油牌号不正确<br>3. 节温器有缺陷<br>4. 发动机正时不正确 | 1. 预热发动机至正确工作温度<br>2. 使用十六烷值的燃油<br>3. 拆卸检查或更换新品<br>4. 送专业人员修理 |
| 发动机冒蓝烟 | 1. 发动机活塞环对口<br>2. 发动机压缩系统磨损超限<br>3. 新发动机未磨合<br>4. 曲轴箱油面过高 | 1. 重新安装活塞环<br>2. 送专业人员修理、更换磨损超限零件<br>3. 按规范磨合发动机<br>4. 放沉淀、使油面降至标准 |

## 第三节　玉米果穗联合收割机的使用与维护

玉米是我国主要粮食作物之一，种植面积大，玉米收割机械的发展很快，购买玉米收割机的用户日趋增多。然而玉米收割机技术含量高，对农民来说是一种新型农机具，而且玉米联合收割机结构复杂，运动部件多，作业环境差，农民对玉米收割机的使用和维护保养知识还比较缺乏。

## 一、玉米果穗联合收割机的构造及工作过程

约翰迪尔6488型玉米果穗联合收割机是约翰迪尔佳联收获机械有限公司在吸收国内外玉米果穗联合收割机技术的基础上，自主研发的玉米收获机械。该机设计新颖，在割台、剥皮、茎秆粉碎处理等方面进行大胆创新，适合我国东北玉米种植的农艺要求。该机可以一次完成玉米果穗收获的全过程作业。专用于玉米果穗收获，满足国内玉米收获水分过高，不易直接脱粒的特点。具有结构紧凑、性能完善、作业效率高、作业质量好等优点。

约翰迪尔6488型玉米果穗联合收割机主要由割台（摘穗）、过桥、升运器、剥皮机（果穗剥皮）、籽粒回收箱、粮箱、卸粮装置、传动装置、切碎器（秸秆还田）、发动机部分、行走系统、液压系统、电气系统和操作系统等组成，如图4—12所示。

图4—12　约翰迪尔6488型玉米果穗联合收割机总体结构

当玉米果穗联合收割机进入田间收获时，分禾器从根部将禾秆扶正并导向带有拨齿的拨禾链，拨禾链将茎秆扶持并引向摘穗板和拉茎辊的间隙中，每行有一对拉茎辊将禾秆强制向下方拉引。在拉茎辊上方设有两块摘穗板。两板之间间隙（可调）较果穗直径小，便于将果穗摘落。已摘下的果穗被拨禾链带到横向搅笼中，横向搅笼再把它们输送到倾斜输送器，然后通过升运器均匀地送进剥皮装置，玉米果穗在星轮的压送下被相互旋转的剥皮辊剥下苞叶，剥去苞叶的果穗经抛送轮拨入果穗箱；苞叶经下方的输送螺旋推向一侧，经排茎辊排出机体外。剥皮过程中部分脱落的籽粒回收在籽粒回收箱中，当果穗集满后，由驾驶员控制粮箱翻转完成卸粮；被拉茎秆连同剥下的苞叶被切碎器切碎还田。

## 二、玉米果穗联合收割机的使用调整

### 1．割台

割台主要由分禾器、摘穗板、拉茎辊、拨禾链、齿轮箱、中央搅笼、橡胶挡板组成。

**（1）分禾器的调节**

作业状态时，分禾器应平行地面，离地面约10～30 cm；收割倒伏作物时，分禾器要贴附地面仿形；收割地面土壤松软或雪地时，分禾器要尽量抬高防止石头或杂物进入机体内。

收割机公路行走时，需将分禾器向后折叠固定，或拆卸固定，可防止分禾器意外损坏。分禾器通过开口销（B）与护罩连接，将开口销（B）、销轴（A）拆除，即可拆下分禾器（见图4—13）。

图4—13　分禾器的拆装

**（2）挡板的调节**

橡胶挡板（A）的作用是防止玉米穗从拨禾链内向外滑落，造成损失。当收割倒伏玉米或在此处出现拥堵时，要卸下挡板，防止推出玉米。卸下挡板后，与固定螺栓一起存放在可靠的地方保留。

**（3）喂入链、摘穗板的调节**

喂入链的张紧度是由弹簧自动张紧的。弹簧调节长度 $L$ 为11.8～12.2 cm。摘穗板（B）的作用是把玉米穗从茎秆上摘下。安装间隙：前端为3 cm，后端为3.5～4 cm。摘穗板（B）开口尽量加宽，以减少杂草和断茎秆进入机器（见图4—14）。

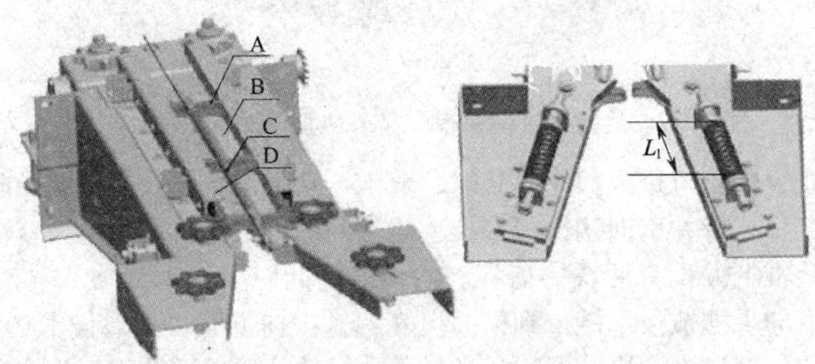

图4—14　喂入链、摘穗板的调节

**（4）拉茎辊间隙调整**

拉茎辊用来拉引玉米茎秆。拉茎辊位于摘穗架的下方，平行对中，中心距离 $L$ = 8.5～9 cm，可通过调节手柄（A）调节拉茎辊之间的间隙（见图4—15）。

为保持对称，必须同时调整一组拉茎辊，调整后拧紧锁紧螺母。拉茎辊间隙过小，摘穗时容易掐断茎秆；拉茎辊间隙过大，易造成拨禾链堵塞。

**（5）中央搅笼的调整**

为了顺利、完整的输送，搅笼叶片应尽可能地接近搅笼底壳，此间隙应小于 10 mm，过大易造成果穗被啃断，掉粒等损失；过小刮碰底板。

### 2．倾斜输送器

倾斜输送器又称过桥，起到连接割台和升运器的作用。倾斜输送器围绕上部传动轴旋转来提升割台，确保机器在公路运输和田间作业时割台离地面能够调整到合适的间隙。

作物从过桥刮板上方向后输送。观察盖用于检查链耙的松紧。在中部提起刮板，刮板与下部隔板的间隙应为（60 ± 15） mm。两侧链条松紧一致。出厂时两侧的螺杆长度为（52 ± 5） mm，作业一段时间后，链节可能伸长，需要及时调整。

调整方法是：用扳手将紧固于固定板 C 两侧的螺母 B 旋入或旋出以改变 *X* 的数值（见图 4—16）。

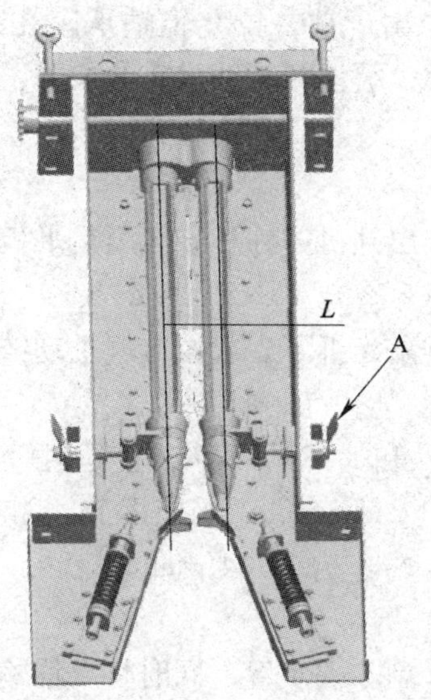


图 4—15　拉茎辊间隙调整

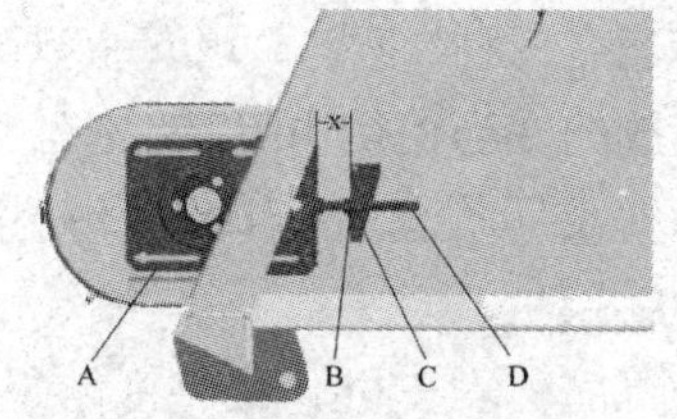


图 4—16　输送链耙的调整

### 3．升运器

升运器作用是从倾斜输送器得到作物，然后将玉米输送到剥皮机。升运器中部和上部有活门，用于观察和清理。

**（1）升运器链条调整**

升运器链条松紧是通过调整升运器主动轴两端的调节板的调整螺栓而实现的，拧松 5 个六角螺母（A），拧动张紧螺母（B），改变调节板（C）的位置，使得升运器两链条张紧度应该一致，正常张紧度应该用手在中部提起链条时，链条离底板高度为 30 ~ 60 mm（见图

4—17)。使用一段时间后，由于链节拉长，通过螺杆已经无法调整时，我们可将链条卸下几节。

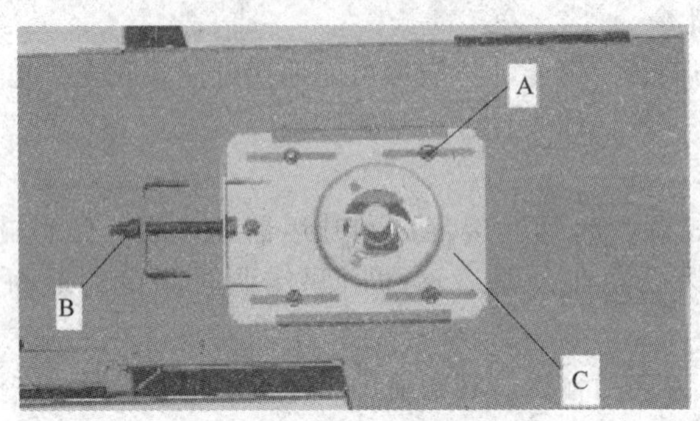


图 4—17　升运器链条的调整

**(2) 排茎辊上轴角度调整**

拉茎辊的作用是将大的茎秆夹持到机外。拉茎辊的上轴位置可调，可在侧壁上的弧形孔作 5°～10°的旋转调整，以达到理想的排茎效果。出厂前，拉茎辊轴承座在弧形孔中间位置，调整时，松开四个螺母，保持拉茎辊下轴不动，缓慢转动轴承座的位置，使上下轴达到合适的角度，然后拧紧所有螺栓。

**(3) 风扇转速调整**

该风扇产生的风吹到升运器的上端，将杂余吹出到机体外。该风扇是平板式的，如果采用流线型的将会造成玉米叶子抽到风扇中。

风扇转速调整是拆下升运器右侧护罩，松开链条，拆下二次拉茎辊主动链轮，更换成需要的链轮，然后连接链条，装好护罩。

风扇的转速有三种：1 211 r/min、1 292 r/min 和 1 384 r/min，它是通过更换排茎辊的输入链轮来完成的。当使用 16 齿链轮时其转数为 1 211 r/min；当使用 15 齿链轮时，其转速为1 292 r/min（出厂状态）；当使用 14 齿链轮时，转速为 1 384 r/min。

4．剥皮输送机

剥皮输送机简称剥皮机，是将玉米果穗的苞叶剥除的装置，同时将果穗输送到果穗箱。

剥皮机由星轮和剥皮辊组成，五组星轮，五组剥皮辊。每组剥皮辊有四根剥皮辊，铁辊是固定辊，橡胶辊是摆动辊。

剥皮输送机工作过程：果穗从升运器落入剥皮机中，经过星轮压送和剥皮辊的相对转动剥除苞叶，并除去残余的断茎秆及穗头，然后经抛送辊将去皮果穗抛送到粮箱。

**(1) 星轮和剥皮辊间隙调整**

压送器（星轮）与剥皮辊的上下间隙可根据果穗的粗细程度进行调整。调整位置：前部在环首螺栓处（左右各一个），后部在环首螺栓处（左右各一个），调整完毕后，需重新张紧星轮的传动链条。出厂时，星轮和剥皮辊之间的间隙为 3 mm。压送器（星轮）最后一排后面有一个抛送辊，起到向后抛送玉米果穗作用。

**（2）剥皮辊间隙调整**

通过调整外侧一组螺栓（A），改变弹簧压缩量 $X$，实现剥皮辊之间距离的调整。出厂时压缩量 $X$ 为 61 mm（见图 4—18）。

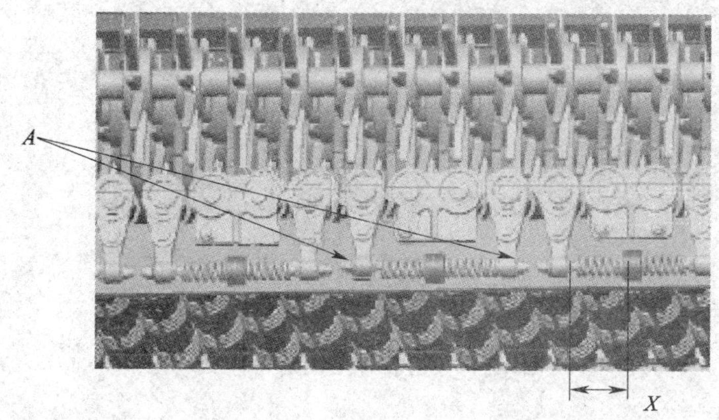


图 4—18　剥皮辊间隙的调整

**（3）动力输入链轮、链条的调节**

调节张紧轮（A）的位置，改变链条传动的张紧程度。对调组合链轮（B）可获得不同的剥皮辊转速（见图 4—19）。

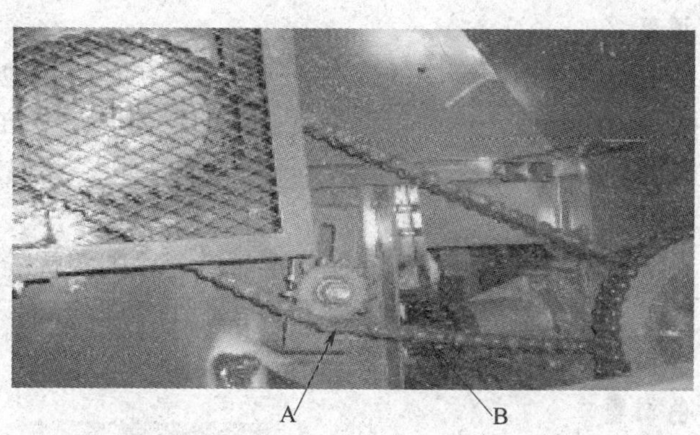


图 4—19　动力输入链轮、链条的调节

将双排链轮反过来，会产生两种剥皮机速度，出厂时转速为 420 r/min，链轮反转安装时，转速为 470 r/min。齿轮箱的输入端配有安全离合器。

### 5．籽粒回收装置

籽粒回收装置由籽粒筛和籽粒箱组成，位于剥皮机正下方，用于回收输送剥皮过程中脱落的籽粒，籽粒经筛孔落入下部的籽粒箱，玉米苞叶和杂物经筛子前部排出。

籽粒筛角度可通过调整座（A）调整，籽粒筛面略向下倾斜，是出厂状态，拆掉调整座（A），籽粒筛向上倾斜，降低籽粒损失（见图 4—20）。

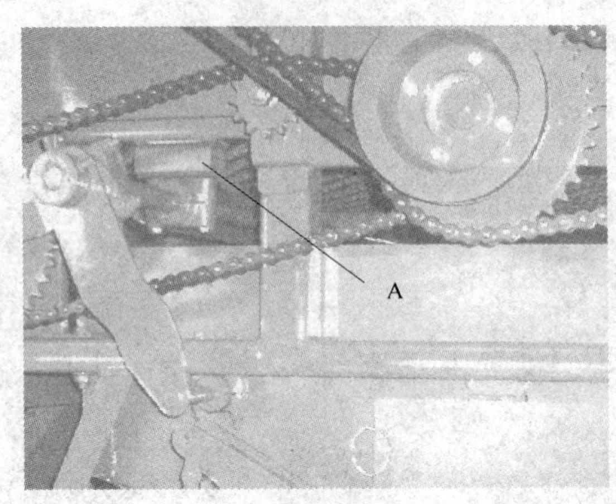


图 4—20　籽粒筛角度调节

### 6．茎秆切碎器

切碎器的主要作用是将摘脱果穗的茎秆及剥皮装置排出的茎叶粉碎均匀抛撒还田。茎秆切碎器的主轴旋转方向与机器前进方向相反，即逆向切割茎秆。由于刀轴的高速逆行驶方向旋转，可将田间摘脱果穗的茎秆挑起，同时将散落在田间的苞叶吸起，随着刀轴的转动，动定刀将其打碎，碎茎秆沿壳体均匀抛至田间。

茎秆切碎器的组成：转子、仿形辊、支架、甩刀、传动（齿轮箱换向）装置。

**（1）割茬高度的调整**

仿形辊的作用主要是完成对切茬高度的控制，工作时，仿形辊接地，使切碎器由于仿行辊的作用而随着地面的变化而起伏，达到留茬高度一致的目的。调整仿形辊的倾斜角度，以控制割茬高度。留茬太低，动刀打土现象严重，动刀（或锤爪）磨损，功率消耗增大；留茬太高，茎秆切碎质量差。

调整时松开螺栓（B），拆下螺栓（C），使仿形辊（A）围绕螺栓（B）转动到恰当位置，然后固定螺栓（C）。仿形辊向上旋转，割茬高度低；仿形辊向下旋转，割茬高度高（见图 4—21）。

**（2）切碎器定刀的调整**

调整定刀（A）时，松开螺栓（B）向管轴方向推动定刀（A），茎秆粉碎长度短，反之茎秆粉碎长度长。用户根据需要进行调整（见图 4—22）。

**（3）切碎器传动带张紧度调整**

切碎器传动皮带由弹簧（A）自动张紧，出厂时，弹簧长度为（84 ±2）mm，需要根据皮带的作业状态进行适当调整，调整后需将螺母（B）锁紧。调整的基本要求：在正

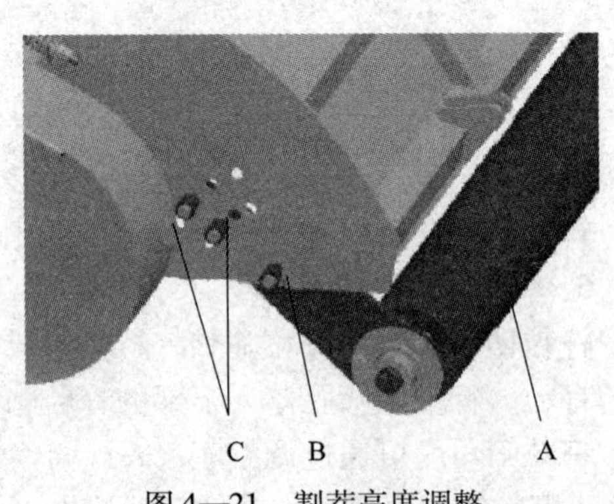


图 4—21　割茬高度调整

常的负荷下，皮带不能打滑和丢转（见图4—23）。只在调整皮带张紧度时方可拆防护罩。

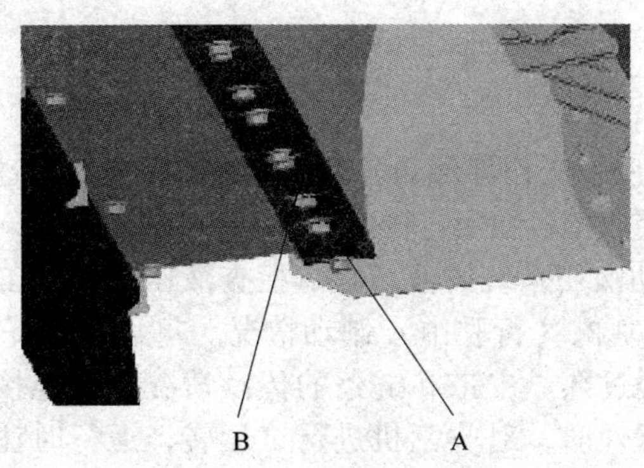


图4—22　切碎器定刀调整

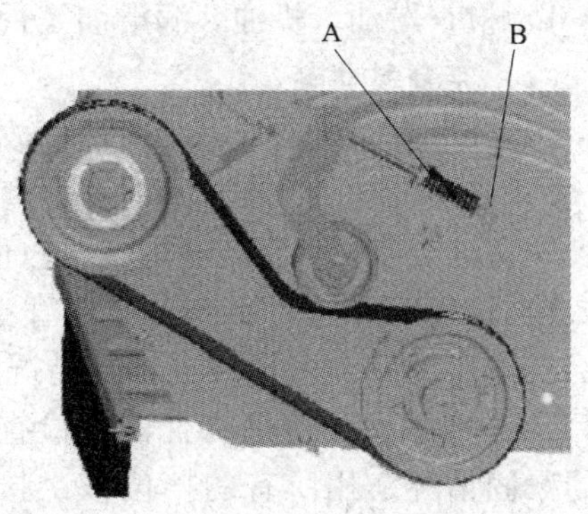


图4—23　切碎器传动带张紧度调整

## 三、玉米果穗联合收割机的维护保养

### 1．割前准备

**（1）保养**

按照使用说明书，对机器进行日常保养，并加足燃油、冷却水和润滑油。以拖拉机为动力的应按规定保养拖拉机。

**（2）清洗**

收获工作环境恶劣，草屑和灰尘多，容易引起散热器、空气滤清器堵塞，造成发动机散热不好、水箱开锅。因此必须经常清洗散热器和空气滤清器。

**（3）检查**

检查收割机各部件是否松动、脱落、裂缝、变形，各部位间隙、距离、松紧是否符合要求；启动柴油机，检查升降提升系统是否正常，各操纵机构、指示标志、仪表、照明、转向系统是否正常，然后结合公里，轻轻松开离合器，检查各运动部件、工作部件是否正常，有无异常响声等。

**（4）田间检查**

1）收获前10～15 d，应做好田间调查，了解作业田里玉米的倒伏程度、种植密度和行距、最低结穗高度、地块的大小和长短等情况，制定好作业计划。

2）收获前3～5 d，将农田中的渠沟、大垄沟填平，并在水井、电杆拉线等不明显障碍物上设置警示标志，以利于安全作业。

3）正确调整秸秆粉碎还田机的作业高度，一般根茬高度为8 cm即可，调得太低刀具易打土，会导致刀具磨损过快，动力消耗大，机具使用寿命低。

### 2．使用注意事项

**（1）试运转前的检查**

1）检查各部位轴承及轴上高速转动件的安装情况是否正常。

2）检查V带和链条的张紧度。

3）检查是否有工具或无关物品留在工作部件上，防护罩是否到位。

4）检查燃油、机油、润滑油是否到位。

**（2）空载试运转**

1）分离发动机离合器，变速杆放在空挡位置。

2）启动发动机，在低速时接合离合器。待所有工作部件和各种机构运转正常时，逐渐加大发动机转速，一直到额定转速为止，然后使收割机在额定转速下运转。

3）运转时，进行下列各项检查：顺序开动液压系统的液压缸，检查液压系统的工作情况。液压油路和液压件的密封情况；检查收割机（行驶中）制动情况。每经20 min运转后，分离一次发动机离合器，检查轴承是否过热、皮带和链条的传动情况，各连接部位的紧固情况。用所有的挡位依次接合工作部件时，对收割机进行试运转，运行时注意各部分的情况。

注意：就地空转时间不少于3 h，行驶空转时间不少于1 h。

**（3）作业试运转**

在最初作业30 h内，建议收割机的速度比正常速度低20%～25%，正常作业速度可按说明书推荐的工作速度进行。试运转结束后，要彻底检查各部件的装配紧固程度、总成调整的正确性、电气设备的工作状态等。更换所有减速器、闭合齿轮箱的润滑油。

**（4）作业时应注意的事项**

1）收割机在长距离运输过程中，应将割台和切碎机构挂在后悬挂架上，并且只允许中速行驶，除驾驶员外，收割机上不准坐人。

2）玉米收割机作业前应平稳接合工作部件离合器，油门由小到大，到稳定额定转速时，方可开始收获作业。

3）玉米收割机在田间作业时，要定期检查切割粉碎质量和留茬高度，根据情况随时调整割茬高度。

4）根据抛落到地上的籽粒数量来检查摘穗装置工作。籽粒的损失量不应超过玉米籽粒总量的0.5%。当损失大时应检查摘穗板之间的工作间隙是否正确。

5）应适当中断玉米收割机工作1～2 min。让工作部件空运转，以便从工作部件中排除所有玉米穗、籽粒等余留物，以免工作部件堵塞。当工作部件堵塞时，应及时停机清除堵塞物，否则将会导致玉米收割机负荷加大，使零部件损坏。

6）当玉米收割机转弯或者沿玉米垄行作业遇到水洼时，应把割台升高到运输位置。

注意：在有水沟的田间作业时，收割机只能沿着水沟方向作业。

### 3. 维护保养

**（1）技术保养**

1）清理。经常清理收割机割台、输送器、还田机等部位的草屑、泥土及其他附着物。特别要做好拖拉机水箱散热器、除尘罩的清理，否则直接影响发动机正常工作。

2）清洗。空气滤清器要经常清洗。

3）检查。检查各焊接件是否开焊、变形，易损件如锤爪、皮带、链条、齿轮等是否磨损严重、损坏，各紧固件是否松动。

4）调整。调整各部间隙，如摘穗辊间隙、切草刀间隙，使间隙保持正常；调整高低位置，如割台高度等符合作业要求。

5）张紧。作业一段时间后，应检查各传动链、输送链、三角带、离合器弹簧等部件松紧度是否适当，按要求张紧。

6）润滑。按说明书要求，根据作业时间，对传动齿轮箱加足齿轮油，轴承加足润滑脂，链条涂刷机油。

7）观察。随时注意观察玉米收割机作业情况，如有异常，及时停车，排除故障后，方可继续作业。

**（2）机具的维护保养**

1）日常维护保养

①每日工作前应清理玉米果穗联合收割机各部残存的尘土、茎叶及其他附着物。

②检查各组成部分连接情况，必要时加以紧固。特别要检查粉碎装置的刀片、输送器的刮板和板条的紧固，注意轮子对轮毂的固定。

③检查三角带、传动链条、喂入和输送链的张紧程度。必要时进行调整，损坏的应更换。

④检查变速箱、封闭式齿轮传动箱的润滑油是否有泄漏和不足。

⑤检查液压系统液压油是否有漏油和不足。

⑥及时清理发动机水箱、除尘罩和空气滤清器。

⑦发动机按其说明书进行技术保养。

2）收割机的润滑。玉米果穗联合收割机的一切摩擦部分，都要及时、仔细和正确地进行润滑，从而提高玉米联合收割机的可靠性，减少摩擦力及功率的消耗。为了减少润滑保养时间，提高玉米联合收割机的时间利用率，在玉米果穗联合收割机上广泛采用了两面带密封圈的单列向心球轴承、外球面单列向心球轴承，在一定时期内不需要加油。但是有些轴承和工作部件（如传动箱体等），应按说明书的要求定期加注润滑油或更换润滑油。玉米联合收割机各润滑部位的润滑方式、润滑剂及润滑周期见表4—11。

**表4—11　　玉米果穗收割机润滑表**

| 润滑部位 | 润滑周期 | 润滑油、润滑剂 |
| --- | --- | --- |
| 前桥变速箱 | 1年 | 齿轮油HL—30 |
| 粉碎器齿轮箱 | 1年 | 齿轮油HL—30 |
| 拉茎辊 | 1年 | 钙基润滑油、钙纳基润滑油（黄油） |
| 分动箱 | 1年 | 50%钙纳基润滑油（黄油）和50%齿轮油HL—30混合 |
| 茎秆导槽传动装置 | 60 h | 钙基润滑油、钙纳基润滑油（黄油） |
| 搅动输送器 | 60 h | |
| 升运器 | 60 h | |

续表

| 润滑部位 | 润滑周期 | 润滑油、润滑剂 |
|---|---|---|
| 秸秆粉碎装置 | 60 h | |
| 动力装置 | 60 h | |
| 行走中间轴总成 | 60 h | |
| 工作中间总成 | 60 h | |
| 三角带张紧轮 | 60 h | |

3）三角带传动维护和保养

①在使用中必须经常保持皮带的正常张紧度。皮带过松或过紧都会缩短使用寿命。皮带过松会打滑，使工作机构失去效能；皮带过紧会使轴承过度磨损，增加功率消耗，甚至将轴拉弯。

②防止皮带沾油。

③防止皮带机械损伤。挂上或卸下皮带时，必须将张紧轮松开。如果新皮带不好上时，应卸下一个皮带轮，套上皮带后再把卸下的皮带轮装上。同一回路的皮带轮轮槽应在同一回转平面上。

④皮带轮轮缘有缺口或变形时，应及时修理或更换。

⑤同一回路用 2 条或 3 条皮带时，其长度应该一致。

4）链条传动维护和保养

①同一回路中的链轮应在同一回转平面上。

②链条应保持适当的紧度，太紧易磨损，太松则链条跳动大。

③调节链条紧度时，把改锥插在链条的滚子之间向链的运动方向扳动，如链条的紧度合适，应该能将链条转过 20°～30°。

5）液压系统维护和保养

①检查液压油箱内的油面时，应将收割台放在最低位置，如液压油不足时，应予补充。

②新玉米联合收割机工作 30 h 后，应更换液压油箱里的液压油，以后每年更换 1 次。

③加油时应将油箱加油孔周围擦干净，拆下并清洗滤清器，将新油慢慢通过滤清器倒入。

④液压油倒入油箱前应沉淀，保证液压油干净，不允许油里含水、沙、铁屑、灰尘或其他杂质。

6）入库保养

①清除泥土杂草和污物，打开机器的所有观察孔、盖板、护罩，清理各处的草屑、秸秆、籽粒、尘土和污物，保证机内外清洁。

②保管场地要符合要求，农闲期收割机应存放在平坦干燥、通风良好、不受雨淋日晒的库房内。放下割台，割台下垫上木板，不能悬空；前后轮支起并垫上垫木，使轮胎悬空，要确保支架平稳牢固，放出轮胎内部的气体。卸下所有传动链，用柴油清洗后擦干，涂防锈油

后装复原位。

③放松张紧轮，松弛传动带。检查传动带是否完好，能使用的，要擦干净，涂上滑石粉，系上标签，放在室内的架子上，用纸盖好，并保持通风、干燥及不受阳光直射。若挂在墙上，应尽量不让传动带打卷。

④更换和加注各部轴承、油箱、行走轮等部件润滑油；轴承运转不灵活的要拆下检查，必要时换新的。对涂层磨损的外露件，应先除锈，涂上防锈油漆。卸下蓄电池，按保管要求单独存放。

⑤每个月要转动一次发动机曲轴，还要将操纵阀、操纵杆在各个位置上扳动十几次，将活塞推到油缸底部，以免锈蚀。

## 四、常见故障及排除方法

玉米果穗收割机常见故障及排除方法见表4—12。

**表4—12　玉米果穗收割机常见故障及排除方法**

| 常见故障 | 故障原因 | 排除方法 |
| --- | --- | --- |
| 漏摘果穗 | 1. 玉米播种行距与玉米收割机结构行距不相适应<br>2. 分禾板和倒伏器变形或安装位置不当<br>3. 夹持链技术状态不良或张紧度不适宜<br>4. 摘穗辊轴螺旋筋纹和摘钩磨损<br>5. 摘穗辊安装或间隙调整不当<br>6. 摘穗辊转速与机组作业速度不相适应<br>7. 收割机割台高度调节不当<br>8. 机组作业路线未沿玉米播向垄行正直运行<br>9. 玉米果穗结实位置过低或下垂 | 1. 播种时行距应与玉米收割机行距一致<br>2. 校正或重新安装<br>3. 正确调整夹持链的张紧度<br>4. 正确安装摘穗辊以免破坏摘穗辊表面上条棱和螺旋筋原装配关系<br>5. 正确安装、间隙调整正确<br>6. 合理掌握作业速度<br>7. 合理调整割台高度<br>8. 正确操纵收割机行驶路线<br>9. 合理调整割台工作高度，摘穗辊尽可能放低一些 |
| 果穗掉地 | 1. 分禾器调整太高<br>2. 机器行走速度太快或太慢<br>3. 行距不对或牵引（行走）不对行<br>4. 玉米割台的挡穗板调节不当或损坏<br>5. 植株倒伏严重，扶倒器拉扯扶起时，茎秆被拉断，果穗掉地<br>6. 收割滞后，玉米秸秆枯干<br>7. 输送器高度调整不当 | 1. 合理调整分禾器高度<br>2. 合理控制机组作业速度<br>3. 正确调整牵引梁的位置<br>4. 合理调整挡穗板的高度<br>5. 正确操纵收割机行驶路线<br>6. 尽量做到适期收割<br>7. 正确调整输送器高度 |
| 摘穗辊脱粒咬穗 | 1. 摘穗辊和摘穗板间隙太大<br>2. 玉米果穗倒挂较多，摘穗辊、板间隙太大<br>3. 玉米果穗湿度大<br>4. 玉米果穗大小不一或成熟度不同<br>5. 拉茎辊和摘穗辊的速度过高 | 1. 调小摘穗辊和摘穗板间隙<br>2. 调整摘穗辊、板间隙<br>3. 适当掌握收割期<br>4. 选择良种和合理施肥<br>5. 降低拉茎辊和摘穗辊的工作速度 |

续表

| 常见故障 | 故障原因 | 排除方法 |
| --- | --- | --- |
| 剥皮不净 | 1. 剥皮装置技术状态不良<br>2. 剥皮辊的安装和调整不当<br>3. 剥皮装置的转动部件转速过低<br>4. 压制器调整不当<br>5. 玉米果穗苞叶过紧 | 1. 认真检查确保剥皮装置技术状态良好<br>2. 正确安装和调整<br>3. 增大剥皮装置转速<br>4. 根据剥皮装置的工作情况，及时地对压制器进行调整<br>5. 适当掌握收割期 |
| 茎秆切碎不良 | 1. 茎秆切碎装置的机件技术状态不良<br>2. 茎秆切碎刀片旋转速度过低或工作位置不当<br>3. 机组未出作业区就将玉米摘穗机升高，使之处于非工作状态 | 1. 认真检查确保机件有良好的技术状态<br>2. 增大刀片旋转速度，经常检查切碎装置传动皮带的张紧度<br>3. 作业前先打出割道，以便使机组出入作业区时，及时调整玉米摘穗机的高度 |
| 果穗混杂物过多 | 1. 剥皮机上的风扇技术状态不良或转速不够<br>2. 排杂轮技术状态不良或传动皮带打滑<br>3. 摘穗辊调整不当，间隙太小<br>4. 茎秆发青或干枯以及虫害 | 1. 作业前认真检查风机技术状态，使之处于良好状态或增大转速<br>2. 作业前认真检查排杂轮技术状态，使之处于良好状态或调整传动皮带紧度<br>3. 合理调整摘穗辊间隙<br>4. 适当掌握收割期 |
| 夹持链堵塞 | 1. 夹持链太松或太紧<br>2. 割刀堵塞<br>3. 茎秆青嫩、杂草过多 | 1. 正确调整夹持链的张紧度<br>2. 正确调整割刀的装配间隙<br>3. 做到适期收获 |
| 摘穗辊堵塞 | 1. 摘穗辊间隙过大或过小<br>2. 摘穗辊线速度小、机组前进速度快<br>3. 喂入量大 | 1. 正确调整摘穗辊间隙<br>2. 增大摘穗辊线速度、降低机组前进速度<br>3. 减小喂入量 |
| 拉茎辊堵塞 | 1. 摘穗板与拉茎辊的工作通道中心不正<br>2. 摘穗板间隙过大或过小<br>3. 杂草和断茎叶缠绕茎辊 | 1. 正确调整摘穗板与拉茎辊之间位置<br>2. 正确调整摘穗板间隙<br>3. 及时清理 |
| 排茎辊堵塞 | 卡果穗或短茎秆较多 | 适当缩小排茎辊间隙 |
| 升运器堵塞 | 1. 传动皮带太松<br>2. 升运链过松<br>3. 升运器链条跳齿把升运器刮板卡住 | 正确调整传动皮带紧度、升运链紧度 |

## 复习思考题

1. 谷物联合收割机由哪几部分组成?
2. 谷物联合收割机在作业过程中主要有哪些调整?
3. 联合收割机作业时割刀堵塞的原因及排除方法有哪些?
4. 脱粒滚筒脱粒不净的原因及排除方法有哪些?
5. 倾斜输送器链耙拉断的原因及排除方法有哪些?
6. 玉米联合收割机由哪些部件组成?
7. 玉米联合收割机作业时漏摘果穗的原因及排除方法有哪些?
8. 玉米联合收割机作业时剥皮不净的原因及排除方法有哪些?
9. 玉米联合收割机作业时摘穗辊脱粒咬穗的原因及排除方法有哪些?
10. 半喂入式水稻联合收割机作业过程中的主要调整有哪些?
11. 水稻收割作业时稻粒清选不良的原因及排除方法有哪些?
12. 半喂入式水稻联合收割机作业中出现割茬不齐的原因及排除方法有哪些?